발길 따라가는
발칸 여행

남동부 유럽과 튀르키예

이학근

발길 따라가는
발칸 여행

남동부 유럽과 튀르키예

이학근

들어가면서

여행을 좋아하는 사람이라면 누구나 '여행이란 무엇인가?'라는 질문과 '우리는 여행을 왜 하는가?'라는 의문을 가지고 산다.

이 의문에 대해 내 나름대로 생각하면 "우리가 살아가는 삶은 무의미한 세계에서 의미 있는 세계를 찾아 떠나는 것이다. 그러므로 삶 자체가 의미를 찾아 새로운 세계로 나아가는 여행이다."라고 대답할 수 있다.

인간은 처음 존재하면서부터 여행을 시작하였다. 처음에는 생존을 위하여, 생존의 단계를 벗어나서는 더 나은 삶을 위하여 여행하였고, 이를 토대로 문명을 발달시키고 역사를 만들어 갔다. 그리고 새로운 세계에 대한 동경은 인간을 자연계에서 가장 뛰어난 생물로 만들었으며 현재는 모든 자연계를 지배하는 존재로 만들었다고 해도 과언이 아니다.

그래서 프랑스의 유명한 심리학자이며 철학자인 가브리엘 마르셀은 인간을 '호모 비아토르 Homo Viator, 여행하는 인간'로 정의했다. 우리는 익숙한 세계에서 벗어나 새로운 세계를 만나는 순간에 발전한다. 그래서 새로운 나를 찾고자 할 때 우리는 애벌레가 껍질을 벗듯 새로운 세계를 찾아 여행을 시작한다. 현대를 사는 우리는 항상 인간관계에서 '본연의 나'가 아니라 '누구'여야만 한다. 하지만 본연의 나를 찾아 떠나는 '호모 비아토르'의 삶은 우리에게 살아 있는 존재에 대해 감동하며, 희망이 가득한 새로운 세계로 나아가게 한다. 즉 '호모 비아토르'의 삶은 제도에 구속된 무의미한 삶을 버리고 새로운 자유로운 삶을 찾아 나서는 행동으로 완성된다.

새로운 세계에 대한 여행은 나를 일상의 삶에서 벗어나게 해준다. 그러므로 여행할 때는 최대한 그 지방의 사람들과 함께 호흡하는 것이 중요하다. 그 지방의 재래시장이나 슈퍼마켓에서 먹을거리를 장만하고, 주민들이 자주 이용하는 식당을 이용하고, 대중교통 수단을 이용하여 그들과 함께 이동하면서 그들의 삶의 모습을 느끼고 즐기는 것이 좋다. 덧붙여 숙소도 최대한 검소하게 이용한다면 여행을 마치고 보는 계산서의 금액은 생각보다는 훨씬 적게 보일 것이다. 그리고 그 계산서에 적힌 금액보다 더 큰 삶의 활기를 얻었다는 점을 깨닫고는 여행을 마치는 순간 또 다른 세상에 대한 여행의 꿈을 꾸게 될 것이다.

이번 여행은 옛 '동로마 제국'이었던 튀르키예를 비롯한 발칸의 여러 나라를 약 50일간을 예정으로 돌아보는 것으로 시작하였다.

비잔틴 제국이라고도 하는 동로마 제국은 로마의 이념과 제도를 이어받고, 종교적으로 그리스도교를 국교로 삼았고, 문화적으로는 그리스의 전통을 많이 따랐다. 또 동로마 제국은 그리스도교의 종주국으로서 제국의 역사적 초기에 그리스도교 포교를 통하여 그 문화적 기초를 형성하였다.

동로마 제국은 콘스탄티노폴리스 지금의 이스탄불 를 중심으로 중세 중기 제4차 십자군 전쟁 까지 유럽 기독교 문명의 가장 강력한 강대국으로 동유럽 세계에 그리스-로마 문명을 전파하였다. 1,000여 년에 걸쳐 존속한 동로마 제국은 그 지정학적 위치상 로마 제국의 고전적 전통 및 중세 유럽 그리스도교과 소아시아의 이슬람교 문화의 교차 지점으로서의 특성을 가지게 되었다.

끊임없는 이슬람의 공세에서 그리스도교 문명을 지켜냈던 동로마 제국의 문화적 유산은 오늘날 그리스를 비롯한 발칸의 여러 국가와 튀르키예에 그리스도교 문화, 정교회 문화, 이슬람 문화로 뿌리 깊게 남아 있다.

여행은 이스탄불에서 시작하여 많은 나라를 거쳐 다시 이스탄불로 돌아와서 여행을 끝내는 일정이었다. 약 50일을 예정하고 바쁘지 않게 기차와 버스를 이용하여 국경을 넘어가고, 각 지방의 이동도 기차와 버스를 주로 이용하였다. 숙소는 유스호스텔을 기본으로 하고 피치 못할 경우에는 호텔에서 묵는 것으로 하였다. 식사는 유스호스텔에서는 시장에서 먹거리를 구하여 조리해 먹는 방법을 택하였고, 호텔에 숙박하는 경우는 현지인들이 이용하는 식당을 택하였다.

여행지는 우리에게 잘 알려진 유명한 곳도 있지만 우리에게는 잘 알려지지 않은 좋은 곳도 많다. 패키지여행을 따라가서는 절대 볼 수 없는 우리에게 잘 알려지지 않은 곳에서 많은 문화적 유산을 보았고, 아름다운 경치를 즐겼다.

그리고 이 책에 나오는 역사적 사실과 지리적 설명, 문화유적에 대한 설명은 네이버 지식백과를 많이 참조하였음을 미리 밝힌다.

이제 코로나를 벗어나 또 여행을 즐기는 시기가 되었다. 코로나로 인해 잠시 멈추었던 여행의 묘미를 다시 즐기고자 하는 사람들, 특히 발칸을 여행하려고 하는 사람들에게 이 책이 조금이라도 도움이 되기를 바란다.

튀르키예 Türkiye

불가리아 Bulgaria

세르비아 Serbia

보스니아&헤르체고비나 Bosnia And Herzegovina

크로아티아 Croatia

헝가리 Hungary

루마니아 Romania

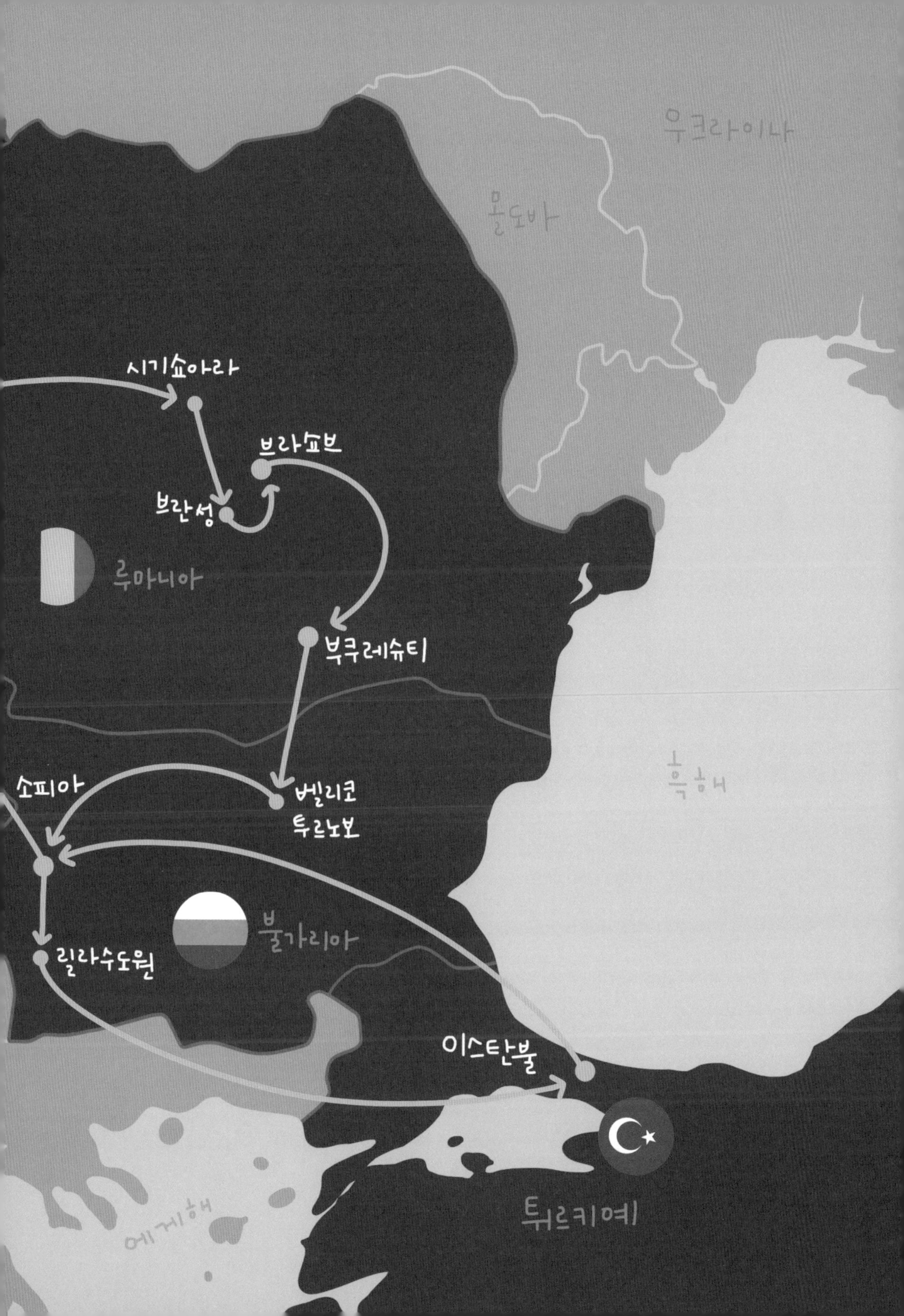

우크라이나
몰도바
시기쇼아라
브라쇼브
브란성
루마니아
부쿠레슈티
흑해
소피아
벨리코
투르노보
불가리아
릴라수도원
이스탄불
에게해
튀르키예

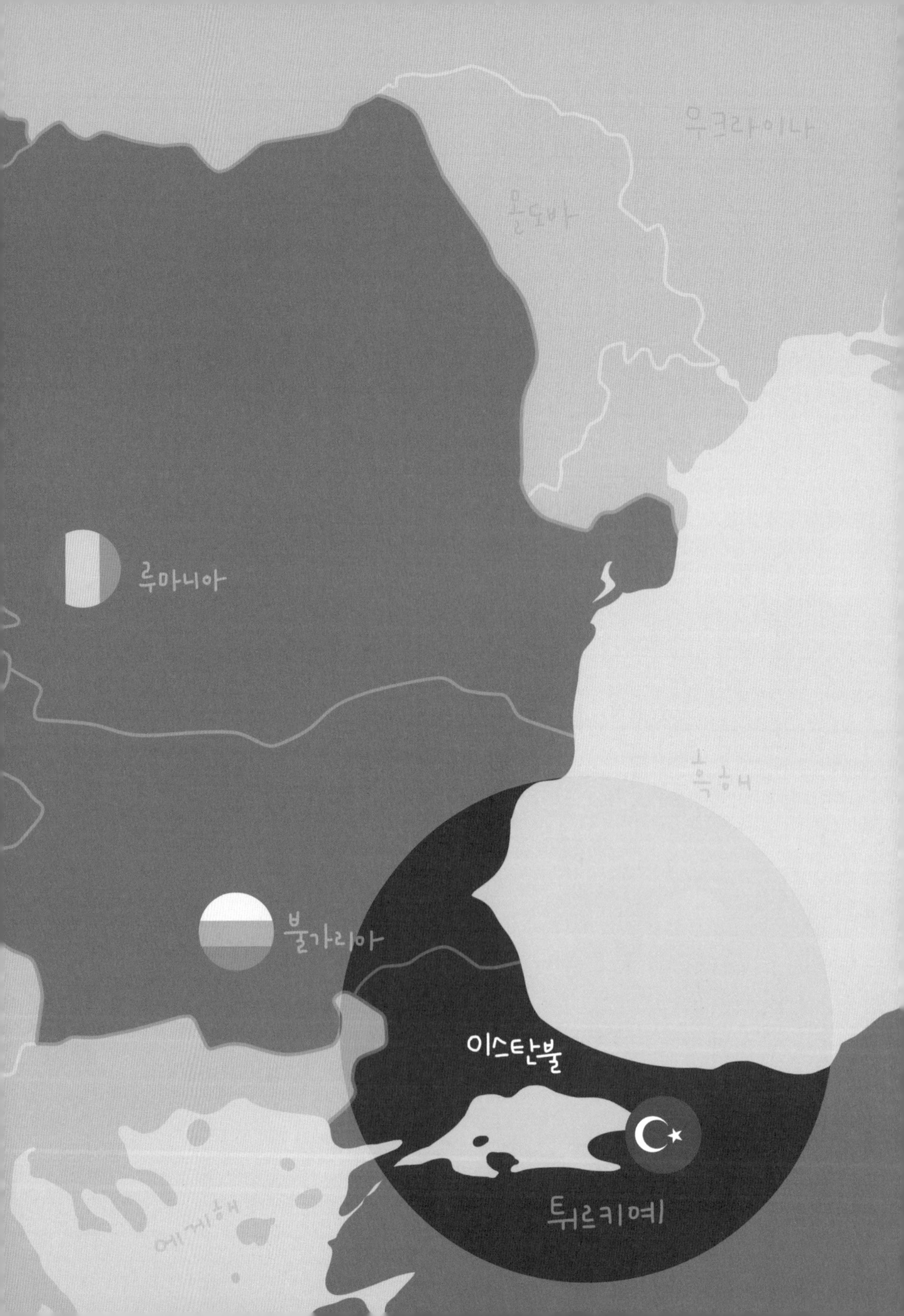
우크라이나
몰도바
루마니아
흑해
불가리아
이스탄불
튀르키예
에게해

튀르키예 Türkiye

여러 겹겹의 도시, 이스탄불

이스탄불은 발칸반도와 아나톨리아, 흑해와 지중해 사이에 있는 보스포루스반도에서 전략적으로 아주 중요한 위치에 있다. 이 도시는 북쪽으로는 자연 항구인 금각만 골든 혼: Golden Horn , 동쪽으로는 보스포루스 해협, 남쪽으로는 마르마라 Marmara 해에 둘러싸인 반도에 있다.

이스탄불은 인구 약 1,400만으로 지중해와 흑해를 잇는 해상 교통과 아시아와 유럽을 잇는 육상교통의 요지다. 이스탄불은 기원전 7세기 무렵의 그리스시대에는 '비잔티온 Byzántion '이라고 불리다가 서기 73년 로마의 소유가 된 뒤 '비잔티움 Byzantium '으로 불렸으며, 324년 내전을 끝내고 제국의 황제 자리에 오르자마자 콘스탄티누스는 비잔티움을 제국의 새로운 수도로 선포하고 비잔티움을 제국의 수도에 걸맞은 도시로 바꾸는 대공사에 착수했다. 330년 5월 11일 수도 완공식에서 콘스탄티누스는 친히 이곳을 콘스탄티누스시 市 , 즉 '새로운 로마'라는 뜻으로 '노바 로마 콘스탄티노폴리타나 Nova Roma Constantinopolitana '로 명명하였다. 하지만 역사적으로는 콘스탄티노폴리스 Constantinopolis/ Κωνσταντινούπολις : 콘스탄티누스의 도시 라는 이름으로 더 많이 불렸다. 그 뒤 많은 이름의 변화가 있었고, 오스만 제국에 점령당한 후에는 새로운 수도가 되면서 코스탄티니예 Kostantiniyye , 데르사테트 Dersaadet , 이스탄불 Istanbul 등 다양한 이름으로 불리었는데, 사실 오스만의 정복 이전부터 튀르크인들은 10세기 무렵부터 아랍에서 쓰던 이름으로 이 도시를 '이스탄불'이라 부르고 있었다. 이 말의 뜻은 '도시에서', '도시로 to the city ' 정도인데 이 명칭의 기원에 대한 전설이 있다.

처음 콘스탄티노폴리스를 방문한 튀르크인 사절단이 어느 그리스인 어부에게 해협 건너의 콘스탄티노폴리스를 가리키며 도시의 이름을 물었는데, 튀르크인 통역자의 그리스어 발음이 영 좋지 않았는지 어부는 질문을 제대로 듣지 못했다. 그래서 콘스탄티노폴리스를 가리키며 "Εις τὴν Πόλιν : 저 도시요?"라고 되물었고, 튀르크인 사절단은 이걸 도시 이름으로 알아듣고 그대로 떠나버렸다는 것이다. 해당 그리스어의 발음은 'is tim 'bolin'인데, 이 지방에서 쓰던 그리스어 방언으로는 '이스탄불'과 어느 정도 유사한 '$E\iota\varsigma\ \tau\alpha\nu\ \Pi\acute{o}\lambda\iota\nu$: is tam 'bolin'으로 발음한다고 한다. 실제 있었던 에피소드라는 생각이 들 정도로 절묘한 전설이다.

395년 로마제국이 동·서로마로 분열되면서 콘스탄티노플은 비잔틴 제국의 수도가 되었다. 그 뒤 서로마 제국은 쇠퇴하여 결국 멸망하였고, 비잔틴 제국이 번성일로를 걷게 되자 수도 콘스탄티노플은 동방무역의 중심지로 부상하였다. 그러다가 이슬람의 침공으로 1453년 술탄 메흐메트 2세가 이곳을 점령하면서 오스만 제국의 중심적인 도시로 변모하였다. 아시아, 아프리카, 유럽의 3대륙을 아우르는 대제국인 오스만 제국 수도로서의 이스탄불은 상업도시였을 뿐만 아니라 문화도시이기도 하여 전통적인 비잔틴 문화와 이슬람 문화가 조화된 새로운 복합문화가 창출되기도 하였다. 오랫동안 번영을 누려오던 이스탄불은 1차 세계대전에서 오스만 제국이 무너지자 전승국들에 의해 점령당하여, 1920년 8월 10일 전승국은 오스만 정부에 세브르 조약을 강요하고, 이스탄불을 포함한 해협지대를 국제 관리위원회의 관리를 받도록 하였다. 그러나 이 조약에 반대한 무스타파 케말 파샤가 앙카라에 새로운 정부를 수립하여 소아시아에 침입한 영국군을 격파하였다. 이 승리로 신생 앙카라 정권과 전승국 간에 로잔 조약이 체결되었고, 이스탄불은 다시 튀르키예인들의 수중으로 돌아왔다. 1923년 10월 29일 튀르키예공화국이 선포되고 앙카라가 수도로 결정됨으로 이스탄불은 수도로서의 지위를 잃고 튀르키예공화국의 한 도시로 오늘까지 이르고 있다. 1923년까지 1,600년 동안 수도였던 이스탄불에는 그리스·로마 시대부터 오스만 제국 시대에 이르는 수많은 유적이 분포해 있다.

이스탄불은 보스포루스 해협, 금각만 Golden Horn , 마르마라해 海 에 의하여 베이욜루, 이스탄불 파티프 , 위스퀴다르의 3지구로 나뉘고, 금각만의 갈라타 다리와 아타튀르크 다리로 연결되어 있다. 금각만의 남쪽인 이스탄불은 옛날의 이스탄불이 자리 잡았던 전통 있는 지구로, 지금도 비잔틴 시대의 성벽이 서쪽 경계를 둘러싸고 있다. 아흐멧 자미 블루 모스크 , 아야 소피아 현재 박물관 , 톱카프 궁전 현재 박물관 , 고고학 박물관, 튀르키예·이슬람 미술관, 고대 오리엔트미술관, 그리고 이스탄불대학 등이 있으며 이 도시의 전성기를 생각나게 하는 대시장 그랜드 바자르 도 있어 대개 관광객들이 머무는 곳이다.

이스탄불은 오래된 역사의 도시고 너무 넓기 때문에 여러 지역으로 나누어 소개한다. 내가 세 번을 방문해서 많은 날을 이스탄불에 머물렀지만, 여전히 이스탄불을 제대로 다 본 것 같지 않지만 내가 이스탄불에 머물면서 구경한 것을 중심으로 소개한다.

처음 이스탄불에 갔을 때, 아야 소피아는 나중에 보기로 하고 시르케지역 중심의 시내를 구경하면서 해협을 지나 갈라타 지역으로 갔다.

가장 먼저 시르케지역으로 갔다. '처음 오리엔트 특급이 다니기 시작하던 시절의 시르케지역은 어떤 모습이었을까?'라고 궁금해 하면서 옛 역사를 둘러보니 조금은 황량하게 보인다.

파리에서 출발해 여러 도시를 거쳐 이스탄불로 오는 오리엔트 특급 Orient Express 열차 이 명칭이 거의 고유 명사로 인식되기에 이대로 사용한다. 가 1883년 10월부터 이 역에서 운행되기 시작했다. 유럽 대륙의 마지막 기차역인 시르케지역은 아가사 크리스티의 소설 『오리엔트 특급 살인사건』의 유명세로 사람들의 관심을 끌었지만, 그전부터 복잡하기는 마찬가지였다. 1883년부터 프랑스 파리와 튀르키예 이스탄불 구간을 운행했던 오리엔트 특급열차는 여러모로 상징적인 의미가 있다. 파리에서 출발하여 로잔, 베네치아, 베오그라드, 소피아를 거쳐 이스탄불에 도착하는 이 열차는 사람들에게 유럽을 기차를 타고 횡단한다는 놀라움과 기쁨으로 호기심을 자극했다. 여러 인종과 민족으로 구성된 유럽 사람들은 이 기차 안에서 서로 겹치고 섞이며 여행했다. 이 기차는 비행기의 발달로 1977년 5월에 운행이 축소되어 부다페스트까지만 운행되다가 2007년부터 다시 빈까지 확장되어 운행한다. 지금 소피아로 가는 국제선은 다른 역에서 출발하지만, 이 역에서 표를 팔고 버스로 이동한다. 역 안에는 오리엔

시르케지 역의 내부

시르케지 역의 내부

수리 중인 시르케지 역사 외부 모습

트 특급열차를 주제로 한 레스토랑과 대합실이 아직도 남아 있다. 지금은 초라한 역사로 보이지만 오리엔트 특급열차가 운행되던 때에는 유럽의 부호들이 모두 이 역사에서 기차를 기다렸던 곳이다.

19세기 후반부터 튀르키예의 문학, 영화, 시, 소설 등에서 꾸준히 등장하는 갈라타 다리 튀르키예어: Galata Köprüsü 는 도개교 跳開橋 로 총 길이는 490m이고, 폭은 42m로 이스탄불의 카라쾨이 Karaköy 와 에미뇌뉘 Eminönü 를 연결하는 다리이다. 양방향으로 각각 3차선 차도와 보도가 있으며, 중앙에 트램 Tram 노선이 지나간다.

금각만에 세워진 다리에 대한 최초의 언급은 6세기경 유스티니아누스 1세 당시의 기록에서 볼 수 있다. 그리고 1453년 콘스탄티노플의 함락 당시에 오스만 튀르크 군대는 배를 서로 연결해서 임시 부교를 만들었다고 한다. 그리고 1502년에 세기의 천재였던 레오나르도 다빈치가 다리 설계를 하였으나 기술적인 문제를 해결하지 못해 취소되었다고도 한다. 현재의 갈라타 다리는 다섯 번째 다리로, 튀르키예의 건설회사인 STFA가 네 번째 다리가 있던 곳에서 조금 떨어진 곳에 지은 것으로 1994년 12월에 완공했다.

현재는 갈라타 다리에서 낚시하는 튀르키예인들로 유명하고, 이 모습을 지켜보고 이스탄불의 경치를 감상하고자 하는 관광객들로 북적인다. 다리 아래층에는 생선요

갈라타 다리에서 낚시하는 모습

갈라타 다리

리 식당과 술집 등이 즐비하게 늘어서 있어 관광객의 관심을 끌고 있다.

　이 갈라타 다리에서 겪은 에피소드 하나를 소개하면, 이스탄불에 처음 왔을 때 일어난 일이다. 다리에는 구두를 닦는 사람들이 많이 있는데, 걸어가는 도중에 그 중 한 사람이 솔을 흘리고 지나가서 주워주니 고맙다고 구두에 솔질하면서 닦아 준다. 처음에는 감사의 표시인 줄 알았는데 조금 있다가 자신의 신세를 한탄하며 돈을 요구한다. '아이들이 병이 들었다.' '아내가 아프다.' 등등의 이야기를 하면서 돈을 주지 않을 수 없게 한다. 장사를 위해 일부러 도구를 흘리는 것이다. 이후에 숙소로 돌아와서 보니 이스탄불에서 조심해야 하는 일 중의 하나라고 기록되어 있었다. 하지면 이런 조그마한 에피소드도 겪어 보는 것이 여행의 재미 중 하나다. 그리고 그렇게 많은 돈을 요구하는 것도 아니다.

　갈라타 다리 옆의 거리에는 과일주스를 파는 행상들이 많이 있다. 돌아다니다 보니 목도 마르고 주스를 맛보고도 싶어 주문하니 즉석에서 주스를 짜서 주는데, 너무나 달콤하고 시원한 맛에 반해서 이 주스를 수시로 사 먹었다. 값도 비싸지 않고, 여행에 지친 몸의 피로를 달래 줄 수 있는 좋은 음료다. 탄산음료만 마시면서 여행하기보다 시원한 생과일주스로 입안을 향긋하게 하고 피로를 씻기를 바란다. 이곳이 에미뇌뉘.

에미뇌뉘에서 보는 보스포루스 해협의 모습

  에미뇌뉘는 보스포루스 해협을 운행하는 페리들이 출발하는 중심지이다. 이곳은 항상 크루즈 승객을 끌어당기는 호객꾼의 모습과 음악 소리가 시끄럽게 들린다. 고등어 케밥과 홍합으로 만든 밥이 유명하며 노점상들이 북적이는 곳이다.

  갈라타 다리를 건너면 갈라타 타워쪽으로 올라가는 언덕에 조그마한 지하철인 튀넬이 있다. 튀넬 Tünel 은 런던 지하철 1863년 다음으로 오래된 지하철로, 이스탄불의 지하에 지어진 강삭철도로 길이가 600m도 되지 않는 세계에서 가장 짧은 지하철이다. 튀넬은 금각만의 북쪽 해안에 위치하며, 카라쾨이 Karaköy 와 베이욜루 Beyoğlu 의 구역을 연결하는 2개의 역이 있으며 1875년 1월 17일에 개통되었다. 19세기 후반에 페라 현 베이욜루 와 갈라타 현 카라쾨이 의 지역은 큰 언덕으로 분리되고 경사가 심하여 이 두 지구를 오가는 것이 어려웠다. 1867년 프랑스 기술자인 유진 앙리 가방드가 이 두 지역을 연결하는 방법으로 언덕을 오르내리는 강삭철도를 생각해 1871년 7월 30일에 건설을 시작하여 1875년 1월 17일에 개통하였다.

  아래 역은 카라쾨이이고 위쪽 역은 베이욜루로, 위쪽 역은 아래쪽 역보다 61.55m 높다. 이 노선은 원래 두 개의 평행선으로 지어졌으나, 현재는 두 개의 열차가 중간에 나란히 통과하는 복선 구간을 제외하고는 단선으로 운행한다. 현재는 수많은 관광객이 이용하는 관광열차다.

튀넬 기차

튀넬의 역사

튀넬에서 내려 조금 걸으면 갈라타 타워에 도착한다. 갈라타 타워는 이 지역의 랜드마크로 가장 높은 곳에 있으며 타워의 전망대에서는 유럽과 아시아를 가르는 해협인 보스포루스 해협과 금각만 그리고 이스탄불 시내 전체를 조망할 수 있다. 특히 해 질 무렵의 이스탄불의 풍경은 환상이라고 하는데 나는 보지 못했다. 원래 있었던 타워는 4차 십자군 전쟁 때 파괴되었고, 1348년에 제노바 자치령에 의해 타워 오브 크라이스트 그리스도의 탑 라는 이름으로 재건축되었다. 전쟁 포로를 가두는 감옥으로도 사용되었고, 화재감시탑으로도 사용되는 등 여러 용도로 사용되다가 1960년대에 목재로 된 내부를 콘크리트로 바꾸고 일반인들이 관람할 수 있도록 공개했다. 타워의 높이는 62.59m이지만 타워 꼭대기의 장식물까지 포함하면 66.90m로 이 타워가 건축될 당시에는 이 도시에서 가장 높은 건축물이었다.

이 타워는 비잔틴인들에게는 '메가로스 피르고스' Megalos Pyrgos: 큰 탑이란 의미 로 불리었고, 1638년에 '헤자르펜 아흐멧 첼레비'라는 사람이 자신이 만든 날개를 달고 이 타워의 꼭대기에서 보스포루스 해협을 지나 아시아 쪽인 우스크다르 언덕까지 날아가는 비행에 성공하였다고 해서 일반인들에게는 그의 이름을 딴 '헤자르펜 타워'라고 불리기도 했다.

다시 갈라타 다리를 건너와서 간 곳이 므스르 차르쉬 이집션 바자르 이다. 므스르 차르쉬는 1663년 메흐메트 4세의 어머니인 하티제가 지은 시장으로, 그 당시에 향신료

갈라타 타워

갈라타 타워에서 보는 이스탄불

대부분을 이집트에서 수입했기 때문에 므스르 이집트 라는 이름으로 불렸다 한다. 지금은 관광객들을 위한 상품을 팔고 있지만 예전에는 이스탄불 향신료 거래의 중심지였다. 므스르 차르쉬는 예니 자미에 딸린 복합건물로 음식물부터 온갖 종류의 물품이 있어 기념품을 사기에는 적합한 곳이다. 물품이 아주 다양하며, 값도 그렇게 비싸지는 않다고 생각하지만, 한 가지 주의할 점은 물건을 살 때 흥정을 아주 잘해야 한다는 것이다. 아마 그들이 부른 값에서 반 이상을 깎아도 될 것이다. 나도 여기서 가죽 신발을 한 켤레 사서 여행 중에 요긴하게 신었고, 한국에 돌아와서도 구두 대용으로 잘 신고 다닌다.

여러 곳의 구경을 마치고 다시 시르케지역 부근에 있는 과자점을 들렀다. 죽기 전에 꼭 먹어야 하는 음식이라는 튀르키예식 딜라이트를 먹기 위해서다. 과자점이 즐비

므스르 차르쉬 입구 현판

므스르 차르쉬(이집션 바자르)의 내부

튀르키예식 딜로이트

가게 외부 전경

가게 내부의 손님들

하게 늘어서 있는 가운데 가장 오래되고 유명한 집이라는 곳을 들어갔다. 그 집 2층에서 창가에 앉아 바다를 바라보는 경치가 아름답지만, 창가에 앉아 과자를 먹으려면 한참을 기다려야 겨우 자리가 나올 수 있다. 그런 기대는 아예 하지 마시고 자리가 있는 대로 앉아서 그냥 맛있는 케이크와 아이스크림을 맛보는 것이 상책이다. 여기서 케이크와 아이스크림을 먹고 나오면서 여행을 마치고 돌아올 즈음에 다시 와서 한국의 여러 사람에게 줄 기념품으로 과자들을 사기로 마음속으로 다짐했다.

이스탄불은 너무나 큰 도시이고 오랜 역사의 도시이기에 며칠간의 여정으로는 주마간산식의 구경밖에 못 한다. 그래서 구역을 나누어 보고 싶은 곳을 집중하여 볼 수밖에 없다. 오늘은 주로 에미뇌뉘와 시르케지역 주변, 그리고 갈라타 타워를 중심으로 하루를 즐겼다면 내일은 또 어디를 집중하여 갈 것인지를 생각해야 한다. 여행의 시작과 끝을 이곳에서 하기에 여정을 잘 조절해야만 시간을 낭비하지 않고 즐길 수 있기 때문이다.

이스탄불 2 술탄 아흐멧 지구

아야 소피아 건너편에는 블루 모스크가 있고 그 사이에는 넓게 펼쳐진 광장이 있다. 이 광장의 튀르키예어 정식 명칭은 술탄 아흐멧 광장이지만 히포드로모스 히포드롬 로 더 알려져 있다. 이제는 흔적밖에 남지 않은 히포드로모스 히포드롬 에는 이스탄불의 주요 유적지가 모여 있으니 이곳만 잘 구경해도 이스탄불에 오래 머물지 않는 관광객은 만족할 수 있다.

서기 3세기 무렵의 비잔티움에 세워진 히포드로모스 전차 경주에 사용되던 경기장 는 동로마 제국의 스포츠와 사교 생활의 중심지였다. 서기 330년, 콘스탄티누스 황제는 수도를 로마에서 비잔티움으로 이전하면서 콘스탄티노플이라는 새로운 이름을 붙이고, 히포드로모스 히포드롬 경기장을 450m×130m 넓이에 10만 명을 수용할 수 있는 규모로 확장하였다. 콘스탄티누스와 그의 후계자들은 제국 곳곳에서 기념물을 가져와서 이곳을 장식하였지만 4차 십자군 전쟁으로 철저히 파괴되어 지금은 자취도 찾

이 광장의 주인 블루 모스크

아보기가 어렵다. 지금 남아 있는 것으로는 콘스탄티누스의 명에 따라 델포이에 있는 아폴론 신전으로부터 이곳으로 옮겨온 청동 기둥과 서기 390년에 테오도시우스 황제가 가져온 오벨리스크, 뼈대 부분이 남아 있는 콘스탄티누스의 오벨리스크 정도이다.

히포드로모스는 비잔틴 제국 시대에 중요한 정치적인 중심지로 전차 경주를 응원하던 집단들이 정치 조직으로 바뀌어 종종 정치와 종교적인 소동이 일어나곤 했다. 십자군 전쟁으로 콘스탄티노플이 약탈당한 이후 히포드로모스는 사용되지 않고 버려졌다가, 1453년 이 도시를 점령해 수도로 삼은 오스만 튀르크인들은 전차 경주에 전혀 관심이 없었고 이곳에서 말을 타고 창을 던지는 경기를 하였기에 이곳을 '말의 광장'이라는 의미의 튀르키예어 이름인 '앗 메이단'이라고 불렀다.

지금은 공원으로 조성되어 이스탄불을 여행하는 사람들은 이 광장을 중심으로 이스탄불 역사 지구를 관광하는데 이 주변을 둘러보는 데도 많은 시간이 필요하다. 이스탄불에서 가장 중요한 아야 소피아, 블루 모스크, 톱카프 궁전, 고고학 박물관, 예레바탄 지하저수조 등등 그 외 여러 유적을 이루 셀 수 없다. 또 여기에서 시르케지 역이나 그랜드 바자르 등도 가까우므로 여유가 있으면 걸어 다니면서 구경하기를 권한다.

내가 머문 숙소와 술탄 아흐멧 광장은 얼마 떨어져 있지 않고, 또 술탄 아흐멧 광장 지역이 이스탄불 역사 지구라 수시로 왔다 갔다 하였다. 그래서 가장 중요한 아야 소피아는 뒤에 보기로 하고 먼저 주변의 여러 곳을 거닐면서 구경했다.

* 예레바탄 지하저수조

예레바탄 지하저수조는 아야 소피아 옆에 위치한 동로마 제국 시절의 저수조로, 로마 시대에 바실리카가 있던 자리라 바실리카 저수지 Basilica Cistern 또는 튀르키예어로 지하 궁전이라는 '예레바탄 사라이 Yerebatan Sarayi'로 불리기도 한다. 콘스탄티누스 시대부터 시작해 유스티니아누스 1세 시대인 532년에 공사가 끝난 대규모 지하

예레바탄 지하 저수조 외벽

예레바탄 지하 저수조(지하 궁전) 외부

저수조로 길이 141m, 폭 73m에 달하는 거대한 공간이다. 원래는 '예레바탄 사룬치 지하 저수장'라 불리었으나, 그 규모가 엄청나게 커서 '예레바탄 사라이 지하 궁전'라는 이름을 얻게 되었다. 지하 궁전이라고 불리는 12열로 정렬되어 있는 336개의 돌기둥은 당시 주변에 있던 수많은 신전 등의 기둥을 동원해서 세웠다고 하는데, 기둥들을 잘 살펴보면 같은 양식이 아닌 매우 다양한 양식의 기둥들이 쓰였다는 것을 알 수 있다. 이 기둥들 중 헤라의 신전에서 가져왔다고 전해지는 눈물의 기둥과 메두사의 머리가 받침으로 사용된 기둥이 매우 유명하다. 여러 모양의 기둥 중에서도 가장 이색적인 것은 거대한 메두사 얼굴이 초석으로 사용되고 있는 기둥으로, 옆으로 뉘어 있거나 거꾸로 놓여 있는 메두사의 얼굴은 음침한 분위기를 자아내고 있다. 이 기둥이 놓인 방식에 대해서는 다양한 해석이 있다. 메두사라는 괴물 자체가 마주 보면 돌이 되는 저주에 걸려 있기에 눈길을 피하고자 일부러 얼굴을 뒤집어놓은 것이라는 얘기도 있고, 건설하던 기독교도들이 이교도를 멸시하기 때문에 아무렇게나 놓았을 것이라는 이야기도 있다. 또 그냥 높이를 맞추기 위해서라는 설도 있고, 또 다른 추측으로는

메두사의 기둥

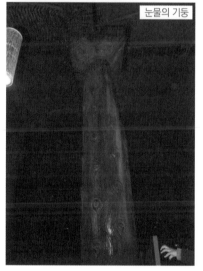
눈물의 기둥

비잔틴 제국에 기독교가 공인되었음에도 사람들이 메두사를 은근히 수호신처럼 여기고 또 두려워하자 당시 황제였던 유스티니아누스가 메두사의 머리를 받침으로 사용해 이교도들의 믿음을 상징적으로 끝냈다고도 하는 말도 있다. 이 저수조에서 메두사의 얼굴은 가장 낮고 가장 깊은 곳에 자리하고 있지만 현재는 사람들에게 가장 사랑받는 기둥이 되었다.

현재 기둥 아래를 보면 물고기들이 보이는데 관상용으로 현대에 풀어 놓은 것이 아니라, 과거에도 저수조에 물고기를 풀어 놓아 물의 수질을 확인했다고 한다. 어두운 열주 사이를 불빛을 따라 걷다 보면 물방울이 떨어진다.

신비롭고 인상적인 지하 풍경 덕분에 이곳에서 영화 007시리즈 〈나를 사랑한 스파이〉와 〈인페르노〉를 촬영하기도 했고, 간혹 콘서트나 여러 행사가 열리기도 한다.

여러 기둥은 아무런 장식이나 문양 없이 그냥 울퉁불퉁한 표면으로만 되어 있는데 하나의 기둥에는 독특한 문양이 새겨져 있다. 사람의 눈과 비슷한 문양의 기둥인데 물이 기둥을 따라 흐르는 모양이 사람이 눈물을 흘리는 것과 비슷하다고 하여 '눈물의 기둥'이라는 이름이 붙여진 기둥이다.

이 저수조는 아직 밑에 쌓인 진흙을 걷어내면서 발굴이 진행 중이었다. 내가 간 날에도 일부는 막아 놓고 인부들이 작업을 하고 있었다.

너무나 크고 웅대한 저수조의 단 한 가지 단점은 지하에 조명이 밝지 않아 사진을 찍기가 매우 어렵다는 것이다.

* 소욱 체쉬메 골목

톱카프 궁전의 벽을 따라 길게 이어진 소
옥 체쉬메 골목은 관광객들이 대개 잘 돌
아보지 않고 그냥 지나가는 곳으로, 이 골
목의 남동쪽 끝이 아야 소피아 쪽의 작은
광장으로 통한다. 이곳을 걸어가면 자그마
하지만 아름다운 건물이 눈길을 끈다. 바
로 술탄 아흐멧 3세의 샘이다. '차가운 샘'
이라는 골목 이름이 이 샘에서 유래한 것

황제의 샘

으로, 이 샘은 오스만 제국의 번성기를 열었던 대재상 아브라함이 1728년에 아흐멧
3세를 위해 지은 것으로 굉장히 인상적이다.

이 광장에는 잘 알려지지 않은 많은 유적이 있는데, 그중 하나가 술탄의 무덤이다.
이 술탄들의 무덤을 돌아보면 아주 화려하게 지어진 건물과 현란하게 치장된 아름다
운 내부에 감탄한다. 여러 명의 술탄을 함께 모시고 내부에는 각각의 무덤이 따로 분
리되어 있는데, 아쉽게도 내가 지금 이 건축물의 이름을 기억하지 못한다는 것이다.
하여튼 이 광장에 있으니 꼭 구경해 보시기를 바란다.

술탄의 무덤 내부

술탄의 무덤 외부 모습

오벨리스크의 모습

* 콘스탄티누스 오벨리스크

정확한 건축 연대는 알려지지 않았지만 약 4세기 무렵으로 추정되는 콘스탄티누스 오벨리스크는 술탄 아흐멧 광장 중앙에 있는 오벨리스크 중 하나이다. 원래 이 탑은 32미터 높이의 대리석에 금박 청동 장식물을 입한 아름다운 기둥이었다고 하나 지금은 거칠게 깎은 벽돌 모양의 돌을 쌓아 올린 모습이다. 869년에 지진으로 꼭대기의 일부가 무너진 뒤 콘스탄티누스 7세가 보수했는데, 당시에는 콘스탄티누스 7세의 조부인 바실 1세의 공적을 기리기 위해 황금빛 청동으로 표면을 장식했던 아름다운 기념탑이었다고 기록되어 있다. 그러나 4차 십자군이 청동을 벗겨 약탈해 가면서 옛 모습을 잃고 그것을 붙였던 자리만 보기 흉하게 남아 있다. 현재의 것은 1894년 다시 복구한 것이다.

* 세 마리 뱀의 기둥

이 광장에는 콘스탄티누스대제가 그리스 델포이에서 가져와 경마장 광장에 세워 두었던 2마리의 청동 말 조각이 있었는데 4차 십자군들이 이 말들을 베네치아로 가져갔다고 한다.

지금 있는 청동 기둥은 그리스 델포이의 아폴론 신전 앞에 있던 것을 콘스탄티누스 대제가 새로운 수도를 장식하기 위해 330년에 이곳으로 옮긴 것이다. 나의 전작 『아들과 함께 그리스문명 산책』 중 그리스 편 「신성한 땅 델피」에서 아폴론 신전을 이야기하면서 이 청동 기둥의 복제품이 아폴론 신전에 남아 있고 진품은 이곳 술탄 아흐멧 광장에 있다고 소개하였다. 바로 그 기둥이다.

기원전 479년에 있었던 플라테이아 전투에서 31개의 그리스 도시국가 연합군이 페르시아를 물리친 것을 기념하기 위해 페르시아에서 빼앗은 전리품인 청동 방패를

일명 뱀의 기둥

델피의 트리푸스(세발의자)를 받치는 청동 기둥

녹여 만들어 기원전 478년에 아폴론 신에게 바친 것으로 아직도 기둥 밑에는 31개 도시의 명칭이 새겨져 있다.

원래는 기둥 꼭대기에 3개의 뱀 머리와 황금 그릇이 있었지만 4차 십자군 전쟁에서 황금 그릇이 사라졌고, 1,700년 무렵에 뱀 머리가 사라졌다고 한다. 그러다가 1847년에 일부가 발견되어 지금은 이스탄불 고고학 박물관에 있다.

* 테오도시우스 오벨리스크 Obelisk of Theodosius

히포드로모스에서 가장 먼저 눈에 띄는 것은 광장 한가운데 있는 '테오도시우스의 오벨리스크'다. 기원전 15세기경 고대 이집트의 파라오 투트모스 3세가 룩소르 카르나크신전의 제7탑 문 앞에 세운 오벨리스크로 로마 황제 콘스탄티누스 2세가 357년에 알렉산드리아로 오벨리스크를 옮겼으며, 390년에 테오도시우스 1세가 현재의 위치로 옮겼다. 이 오벨리스크는 원래 60미터였고 총무게도 800톤이었는데 당시에 그대로 옮기기에 너무 무겁고 위험해서 당시 사람들이 이를 셋으로 잘라 그 가운데 윗부분만 이집트에서 가져와서 세웠다. 오벨리스크를 받치고 있는 기단 네 면에는 이것을 세울 당시의 조각품들이 있다.

아스완 Aswan 에서 생산되는 붉은 화강암으로 이루어진 오벨리스크의 높이는 본래

오벨리스크 기단의 모습

테오도시우스 오벨리스크

하단을 포함해 30m 정도였으나 현재는 25.6m이다. 오벨리스크의 4면에는 각각 투트모스 3세가 유프라테스강 유역을 점령한 것을 기리는 내용이 상형문자로 새겨져 있다. 흰 대리석으로 된 하단은 테오도시우스 1세 때 새로 만들어진 것으로, 히포드로모스의 전차 경주와 황제 가족들의 모습의 부조가 새겨져 있다.

여담 하나를 이야기하면, 이 광장에서 사진을 찍으며 구경하고 있는데 스무 살도 안 되어 보이는 학생들 네다섯 명이 갑자기 말을 걸어왔다. 이야기해보니 이스탄불 대학교 학생인데 학교 수업과제가 외국인 관광객과 인터뷰하여 보고서를 작성하는 것이라 했다. 서로가 짧은 영어 실력으로 간단하게 인터뷰를 마쳤다. 한국에서 야구 관람을 할 때도 곳곳에서 인터뷰를 요청해서 응하였는데 내가 아마 제법 선하게 보이는 것 같았다.

* 술탄 아흐멧 자미 Sultan Ahmed Mosque : 일명 블루 모스크

술탄 아흐멧 자미는 튀르키예를 대표하는 이스탄불 술탄 아흐멧 광장에서 주인 같은 위용을 자랑하는 사원으로, 사원 내부에 3만 개의 파란색과 녹색의 타일로 장식되어 있으므로 '블루 모스크'라는 이름으로 더 잘 알려졌다. 이 모스크는 17세기 초에 오스만 튀르크 제국의 술탄 아흐멧 1세가 1609년에 짓기 시작하여 1616년에 완

블루 모스크 전경

공했다. 아야 소피아를 능가하는 건물을 짓겠다는 의도로 아야 소피아와 비슷한 구조를 가진 건축 양식으로 지어졌다 하는데 의문이다. 술탄 아흐멧 모스크는 건설 당시에 'alti 여섯'과 'altin 황금'을 혼동한 번역상의 오류로 황금 미나렛 Minaret : 첨탑 하나를 세우는 대신 6개의 미나렛이 세워졌다고 한다. 다행히 술탄이 미나렛을 너무나 마음에 들어한 덕분에 6개의 미나렛과 건축가는 살아남을 수 있었고, 오늘날 술탄 아흐멧은 튀르키예에서 유일하게 6개의 미나렛을 자랑하는 모스크로 남아 있다. 이스탄불의 아시아 쪽에서 볼 수 있는 최고의 풍경은 배로 이스탄불로 들어올 때 멀리서도 스카이라인을 장식하는 모스크의 웅장한 실루엣이다. 황혼 무렵 보스포루스 해협의 크루즈를 타면 이 모습을 볼 수 있다.

우뚝 서 있는 미나렛 6개는 술탄의 권력을 상징하며, 이슬람교도가 지키는 1일 5회의 기도를 뜻하기도 한다. 사원 앞의 정원에는 언제나 화사한 꽃이 피어 있어 사람들에게 편안한 휴식처를 제공한다.

사람들이 북적거리며 정신없는 이스탄불 한복판에서 평화로이 휴식을 취할 수 있는 술탄 아흐멧 모스크에 들어가 한낮의 뜨거운 햇빛을 피하면서 잠시 경건한 마음을

블루 모스크의 내부

가져 보도록 하는 것도 여행의 한 여유로움일 것이다. 모스크 밖에는 뾰족하고 날렵한 미나레가 위용을 자랑하며 하늘을 찌르고 있다. 이 모스크는 외부 정원과 내부 정원, 본당의 세 부분으로 나누어지는데, 외부 정원에는 술탄 아흐멧 1세의 무덤이 있고, 내부 정원에는 기도를 드리기 전에 손발을 씻는 분수대가 있다.

　모스크의 정원에는 많은 사람이 벤치에 앉아 분수를 바라보고 있다. 커다란 안뜰을 지나가면 모스크 내부로 이어지는데 기도를 드리는 사람들과 관람객들의 출입구는 다르다. 관람객의 출입구에서 실내로 들어갈 때는 신발은 벗어야 하며, 복장도 통제한다. 안으로 들어가면 낮게 매달린 샹들리에가 섬세하고 정교한 푸른 타일에 빛을 반사하고 있다. 고요한 실내에서 차분하게 기도를 드리는 모습을 보면 경탄과 경외감을 불러일으키며, 누구라도 한번은 자신을 잊어버리고 경건한 마음을 가진다. 기도 시간이 지나면 관람객에게 장소를 자유로이 비워준다.

* 튀르키예 이슬람 예술 박물관 Türk ve İslam Eserleri Müzesi

　술탄 아흐멧 광장 북서쪽에 있는 튀르키예 이슬람 예술 박물관은 광장에서 길만 하나 건너면 된다. 튀르키예 이슬람 문화와 역사를 살필 수 있는 예술품과 유물들을 전시하는 박물관으로 1983년에 개관했다. 박물관 건물은 1524년 오스만 튀르크 제국의 수상이었던 이브라힘 파스하 İbrahim Pasha 의 궁전이었다가, 그가 사망한 뒤 여러 용도로 사용되다가 1983년 박물관으로 개조한 뒤 일반에 공개했다.

　이 박물관에는 종교 미술품과 정교한 수공예품 등 총 40,000점 이상의 튀르키예 이슬람 문화의 작품들을 소장하고 전시하고 있다. 그중에서 이곳에 소장된 카펫들은 세계에서 가장 오래되고 아름다운 카펫으로 불리며 가장 큰 전시실에 전시되어 있고, 꽃들을 모티브로 한 것에서 동양적인 주제에 이르기까지 다양한 문양이 새겨진 카펫은 모두 수작업으로 만들었는데 섬세하고 화려한 문양과 정교함이 묻어 있으며, 크기에서도 세계적인 것으로 꼽힌다.

또 금박으로 장식된 코란과 가위 등은 화려함의 극치를 보여주고 있다. 여기에 필사본 책자와 석공예품 등도 함께 전시돼 있다.

공예품

금박의 코란

엄청난 크기의 카펫들

튀르키예 이슬람 예술 박물관 전경

* 그랜드 바자르 Grand Bazaar

이스탄불에 위치한 그랜드 바자르 Grand Bazaar 는 튀르키예의 전통 특산품과 기념품을 판매하는 대표적인 시장이지만 지금은 관광 명소로 더 유명하다. 튀르키예 이름으로 '지붕이 있는 시장'이라는 의미의 카팔르 차르쉬 Kapar Carsi 라는 시장은 아치형 돔 지붕으로 덮인 대형 실내 시장으로 일반적으로 그랜드 바자르로 알려져 있다.

이 시장은 1455~1461년 술탄 메흐메트 2세 Mehmed II 에 의해서 원래 마구간이던 자리에 건축되었으며, 16세기 술탄 술레이만 1세 Suleiman I 통치 시기의 대대적인 확장과, 1896년 지진과 1954년 화재 이후에 대규모의 복원을 통해 오늘날에 이르고 있다.

하나의 작은 도시라고도 말할 수 있는 세계에서 가장 크고 오래된 실내 시장인 카팔르 차르쉬는 30,700㎡의 면적으로, 현재 60여 개의 미로 같은 통로에 5,000여 개의 상점이 있으며 2개의 주요 통로 끝에 있는 입구 4개를 포함하여 모두 20여 개의 입구가 있다. 시장에는 각종 보석, 피혁, 카펫, 향신료, 형형색색의 도자기와 기념품

Grand Bazaar라고 적혀있고 1461년이라는 표시가 있는 아름다운 문

이스탄불 2 술탄 아흐메트 지구

을 포함한 각종 공예품과 특산품 등등 없는 것이 없다고 할 정도로 많은 물품을 판매하고 있다.

이곳은 유럽과 아시아 두 대륙을 연결하는 지리적 특성으로 비잔틴시대부터 동서양의 교역 중심지의 역할을 담당했다. 오늘날에는 하루에 30~40만 명의 관광객이 튀르키예의 관광 기념품을 사는 곳이다. 관광객이 물건을 살 때는 상당히 흥정을 잘해야 한다. 반값에 사도 바가지인 경우가 많지만, 자신이 산 가격이 정가라고 믿고 만족하는 것이 정신건강에 이롭다.

우리가 머문 숙소가 이 시장과 가까워 그랜드 바자르를 몇 번이고 가서 간단한 선물을 사기도 하였다. 같이 간 일행은 이 시장에서 구두와 가죽 신발을 구입하며 가격과 기능에 만족하여 짐만 되지 않으면 더 사고 싶은 물건이 많다고 아쉬움이 가득한 말을 했다. 우리가 생각하는 이상으로 제품의 품질이 뛰어나며, 특히 가죽 제품은 우리가 말하는 가성비로 볼 때 우리 물건보다 나은 면이 있다고 생각한다. 나는 아는 사람들에게 나누어 주기 위해서 튀르키예에서 가장 유명한 장미 기름을 샀다. 물론 적당한 흥정을 하였는데, 내가 부른 가격에 별다른 반응을 보이지 않고 선뜻 응하는 것을 보고는 더 깎아도 되나 생각하였으나, 내가 희망한 가격이라 만족했다.

시장 내부

시장 외부

이스탄불 현대의 모습 – 이스티클랄 거리, 탁심 광장

이스탄불은 너무나 크기 때문에 한 구역을 선별하여 구경하고, 그 구역을 중심으로 소개한다.

이번에는 이스티클랄 거리와 거리 주변의 여러 유적과 유물, 그리고 길가의 풍경 탁심 광장 등을 걸어 다니며 구경하고, 저녁에 보스포루스 해협을 관광하는 크루즈를 타고 즐기는 여정을 소개하기로 한다.

먼저 갈라타 다리에서 시작하여 튀넬을 타지 않고 걸어서 갈라타 타워 쪽으로 가서 이스티클랄 거리를 걸어가면서 한가롭게 거리 주변을 구경하고 여유롭게 한나절을 보내기로 했다.

갈라타 다리를 건너 갈라타 타워에 올라가기 전에 복잡한 거리에서 잠시 왼쪽 바다가 쪽으로 들어가면 시장이 있다. 여러 가지 물건을 팔고 있는 곳을 지나면 카라카이라는 수산물 시장이 나타난다. 카라 kara 라는 뜻은 튀르키예어에서는 '검다'라는 뜻이다. 이곳의 역사는 4차 십자군으로부터 콘스탄티노플을 수복한 비잔틴 제국이 제노바의 상인들을 이곳에 정착하여 사업을 할 수 있도록 보장하면서 시작했다. 제노바 사람들은 자신들을 보호하기 위해서 성벽과 탑을 지었는데, 이것이 갈라타 타워와 지금 흔적이 남아 있는 성벽이다. 지금은 그저 조그만 수산 시장이라고 생각하고 어시장의 풍경을 구경하는 곳이다.

갈라타 타워에서 조금 떨어진 곳에 우리에게는 잘 알려지지도 않았고 중요하지는 않지만 소소한 재미가 있는 갈라타 메블레비하네시 박물관이 있다. 오스만 시대의 문학과 서예 등을 보관하는 박물관이지만, 대부분 관광객은 이슬람 전통춤인 세마 의식을 보기 위해 찾는 곳인데 세마는 시간을 맞추기가 너무 어려워 보기가 쉽지 않다.

어시장의 모습

갈라타 메블레비하네시 박물관

성당 전경

성당의 내부

월요일에는 저렴한 가격에 세마 댄스 공연을 한다고 하니 관심 있는 사람이라면 시간 맞춰 방문하는 것이 좋을 것이다.

이곳을 지나 거리를 따라 걸으며 구경하면서 가다 보면 이슬람 국가에서는 상당히 드문 가톨릭 성당이 눈에 띈다. 성 안토니오 성당이다. 이스티클랄 거리 중앙쯤에 있는 이스탄불 성당중에서 가장 유명한 성당으로 1912년에 완공되었고, 관광객들이 많이 찾아오는 성당으로 현지인보다는 세계 여러 나라에서 온 사람들이 많았다. 관광객들을 위해 튀르키예어, 영어, 이탈리아어 등 다양한 언어로 미사를 보기에 이스탄불을 여행하는 가톨릭 신자들은 주일에 이곳에서 미사를 드린다.

성당 경내의 설명에는 교황님도 이곳을 방문했다는 사진이 있다.

성당을 나오면 옆에 이곳 주변과는 어울리지 않는 엉뚱한 갈라타사라이고등학교가 있다. 우리나라의 특목고처럼 튀르키예 전국에 있는 우수한 학생들을 모아 교육하는 명문 고등학교로, 튀르키예에서 가장 오래된 학교이며 1868년에 세워졌다고 한다.

* 이스티클랄 거리 Istiklal Avenue, Independence Avenue

이스티클랄 거리의 탁심 광장까지 가는 길에서는 과거의 이스탄불보다 현대 이스탄불의 모습을 더 많이 볼 수 있다. 젊은이들과 많은 사람이 거리를 오가며 즐기고 있는 중간중간에는 중무장한 군인과 경찰들이 곳곳에서 경비를 서고 있는 모습도 볼 수 있었다. 이슬람 국가의 테러 예방 차원에서 경비를 강화하고 있다. 내가 외국을 다니면서 항상 느끼는 것이지만 분단국가여도 우리나라의 치안 상태는 정말 최고라는 것에 감사한다.

이스티클랄 거리 İstiklâl Caddesi 는 이스탄불 신시가지의 중심가로 베이욜루지구에 위치한 거리이다. 하루 유동 인구가 3백만 명에 이른다는 거리는 약 3km이며, 갈라타 타워 Galata Tower 에서 시작해 탁심 광장 Taksim Square 까지 이어진다. 일정 시간 다니는 노면 전차를 제외한 차가 없는, 완전히 보행자를 위한 1.4km의 거리에는 옷 가게, 악기점, 서점, 갤러리, 영화관, 극장, 도서관, 카페, 펍, 나이트클럽, 제과점, 초콜릿 가게, 식당들이 죽 늘어서 있다. 이곳을 지나가는 빨간 트램은 19세기에 이 길을 달리던 노면 전차를 복원한 것으로 교통수단이라기보다 관광의 즐거움을 위한 것이라고 할 수 있다.

이스티클랄 거리 풍경

이 거리는 오스만 튀르크 시대에는 카데-이 케비르 Cadde-i Kebir, 大路 로 불렸으며 1923년 10월 29일에 튀르키예 공화국 수립이 선포된 뒤, 이를 기념하기 위하여 거리 명칭이 독립을 의미하는 '이스티클랄'로 바뀌었다. 거리를 따라 양옆으로 수산물 시장, 각종 종교의 교회들, 19세기 초반에 유럽의 여러 국가에서 세운 교육기관 및 각국의 대사관과 영사관이 들어서 있다. 또한 19세기의 고풍스러운 건물이 보존되어 지금은 여러 종류의 가게로 사용되고 있으며 관광객들의 발길을 멈추게 하는 이 길을 걷지 않고는 이스탄불의 현재를 말할 수 없을 것이다.

* 탁심 광장 Taksim Meydanı

이스티클랄 거리 독립거리 라는 긴 보행자 거리를 한가로이 거닐며 걸어가면 이 거리와 연결된 탁심 광장에 도착한다. 탁심은 '분배' 또는 '분포'라는 뜻의 아랍어에 어원이 있다. 탁심은 원래 이스탄불 북쪽의 수도 공급원으로서 도시의 다른 부분과 분리된 지역이었다.

탁심 광장 Taksim Meydanı 은 현재 이스탄불의 중심지로 이스티클랄 거리와 이어져 있으며, 관광 중심지답게 수많은 상점, 호텔, 여행사와 항공사, 음식점 등이 밀집해 있다. 또 탁심 광장 중앙에는 튀르키예 공화국의 독립 5주년을 기념하여 1928년 피

독립기념탑

에트로 카노니카가 만든 공화국기념비 Cumhuriyet Anıtı 가 11m 높이로 서 있다.

탁심 광장은 이스탄불 현재의 중심지로 신년 축하 퍼레이드, 사교 모임 퍼레이드 등 공공 사교 모임이 활발하게 진행되는 곳이다.

광장의 콘크리트 중간에 작은 녹지인 탁심 게지공원이 있다. 2013년 지자체는 공원을 철거하고 쇼핑몰을 건설하고자 했으나, 공원 재개발에 반대해 수천 명의 사람이 시위를 시작하면서 2013년 튀르키예 반정부 시위가 시작되었다.

광장은 많은 시위의 중심지로 튀르키예의 다양한 정치단체뿐 아니라 많은 NGO들이 자신의 이익을 지키기 위해 이 탁심 광장에서 시위하여 많은 충돌이 있었다. 시위에 따른 많은 폭력 사건이 있어 지금은 단체들의 광장 시위는 금지되고 경찰은 사고예방을 위해 24시간 경비를 시작했다고 한다. 하지만 이 금지령은 주변 도로나 거리에는 이루어지지 않았다. 새해 축제 New Year's Eve , 공화국 기념일 같은 기념일 축제, 중요한 대형 축구 경기는 금지령에서 예외적으로 제외하고 있다고 한다.

이스티클랄 거리에서 큰 대로로 내려가는 길에 여러 가지의 골목이 있다. 추쿨 주마라고 부르는 골목이다. 그냥 무작정 걸어가다 보면 우리나라 예전의 인사동과 같이 골목 구석구석 골동품 가게와 옷 가게들이 보이는 풍경이 나온다. 그렇게 오래된 역사적 유물이 아니라 그저 일상생활에 사용되던 물건으로 제법 오래된 것들이다. 눈요기하면서 걸어가다가 마음에 드는 물건이 있으면 적당한 가격으로 흥정하여 구매하면 된다. 여러 곳의 골목이 있지만 아래의 대로를 향하여 가면 길을 잃을 염려는 하지 않아도 된다.

숙소로 돌아와서 살펴보니 이스탄불에서 주의해야 하는 여러 항목을 나열한 표가 붙어 있다. 얼마나 여행객들을 괴롭히는 일이기에 공식적으로 이런 경고를 하고 있을

추쿨 주마 골목 풍경

까…… 앞의 글에서 이야기한 내 경험인 구두닦이가 제일 위에 있다. 구두닦이는 조 그마한 애교로 보아줄 수 있지만 나머지는 잘못하면 큰 손해를 입는다. 사기의 일종 이니 항상 낯선 사람이 이유 없이 베푸는 친절은 의심해야 한다.

이스탄불 관광객들이 조심해야 하는 일들

보스포루스 해협 크루즈 – 페리를 타고 이스탄불을 보다.

아시아와 유럽은 이스탄불에서 만난다. 보스포루스 해협을 사이에 두고 서쪽은 유럽, 동쪽은 아시아다. 오스만 튀르크가 1453년 유럽 쪽의 콘스탄티노플을 점령하면서 두 대륙을 갈라놓은 보스포루스 해협을 완전히 장악하게 되자 방위를 목적으로 해협 양쪽 해안을 요새화하였다. 이후 여러 역사적인 사건과 전쟁을 겪고 난 뒤 해협의 항행권이 세계적인 이목을 끌고 문제가 되었다. 흑해에 접한 국가들은 반드시 이 해협을 통해야만 큰 바다로 나갈 수 있었기에 튀르키예의 허락이 없으면 사실상 호수에 접한 내륙국이나 마찬가지였다. 그래서 현재 튀르키예는 민간 선박의 통행은 자유롭게 허용하지만, 군함은 국적을 불문하고 순양함 이하로 제한하고 있다.

'보스포루스'라는 이름은 신화에서 제우스가 건드린 이오가 소로 변신해서 건넜다는 이야기에서 유래된 것으로, 그리스어로 '소가 넘어간다.'라는 의미이며, 튀르키예에서 부르는 이름인 İstanbul Boğazı는 단순히 '이스탄불의 목구멍' 혹은 '좁은 길목'이라는 의미가 있다. 해협의 길이는 약 30km, 너비는 550~3,000m, 수심 60~125m에 불과한 작은 바다이지만 물살이 매우 거칠고 빨라서 소용돌이치는 모습을 쉽게 볼 수 있다.

보스포루스 해협 양쪽 기슭에는 돌마바흐체 궁전, 루멜리 히사르 요새 등 오스만 시대에 지어진 유서 깊은 건축물들과 고급 주택, 오래된 별장이 늘어서서 아름다운 풍경을 보여준다. 보스포루스 해협에서 이스탄불의 시가지를 둘러보는 보스포루스 크루즈 투어는 이스탄불의 해넘이부터 밤 풍경까지 감상할 수 있는 저녁 시간에 맞춰 탑승하는 것이 가장 좋다.

투어의 종류는 다양한데 에미뇌뉘 Eminonu 선착장에서 출발해 보스포루스 제2교까지 올라갔다가 되돌아 내려오는 코스가 일반적이다. 또 해협을 건너는 차량 이동이 불편하고 우회하는 시간이 오래 걸리기 때문에 두 지역을 통근하는 이스탄불 시민들이 주로 이용하는 연락선 바푸르 에 잠깐 탑승해서 해협을 건너는 것도 여행에서의 재미다.

아시아와 유럽의 두 대륙을 걸어서 왕래할 수 있게 이곳에 처음 다리가 건설된 것은 1973년으로, '보스포루스 대교'라 명명된 이 다리가 만들어진 이후 두 번째 다리는 1988년에 완성되었는데 '제2의 보스포루스 대교' 혹은 '파티하 술탄 메흐메드교'라 불린다. 보스포루스 해협 최북단에는 2016년 현대건설이 시공하여 개통한 세 번째 대교인 '야부즈 술탄 셀림 대교'가 있다.

배를 타고 보스포루스 해협을 항해하는 시간이 제법 걸렸다. 코스에 따라 다르지만, 보스포루스 대교까지 왕복하는 크루즈는 한 시간이 훨씬 넘게 운행하는데, 우리가 생각하는 것보다 해협의 바닷바람이 차가우니 반드시 복장을 잘 갖추어야 추위를 막을 수 있다. 크루즈를 하는 동안 해협의 양쪽에는 아름다운 유적과 풍경이 많이 보이지만 안타깝게도 나의 이번 여정에는 이 코스가 예정에 없다. 이스탄불은 너무나 넓고 구경할 것이 많아서 제대로 계획을 세워 구경하지 않으면 한 달을 머물러도 무엇을 보았는지 모호한 곳이다. 그래서 이번에 나의 여정은 이스탄불 역사 지구를 중심으로 이스탄불에서 가장 중요하다는 것만을 보는 최소한의 여정이다. 언젠가 다시 기회를 잡아 나머지 지역을 돌아 볼 수 있는 날을 기대하면서 아쉽지만, 배를 타고 주마간산으로라도 이 지역을 보는 것으로 만족한다.

크루즈 투어를 마치니 시간이 너무 늦었다. 숙소로 돌아와 저녁을 먹으러 가서 음식을 주문하고 맥주를 주문하니 알코올 주류 을 팔지 않는다고 한다. 아마도 정통 이슬람이 운영하는 곳이라 생각하고 음식만 먹고 나와 숙소에 가면서 맥주를 구입해 갔다. 저번에도 이야기했지만, 슈퍼에도 알코올 주류 을 파는 곳과 팔지 않는 곳이 있으니 유의해야 한다. 아마도 종교적인 이유라고 생각된다.

오르타쾨이의 모습

해안에 보이는 돌마바흐체궁전

베벅

보스포루스 대교

이스탄불 4 아야 소피아 박물관

 그리스도교와 이슬람이 겹쳐 있는 고대 건축의 걸작인 아야 소피아를 드디어 구경하기로 하였다. 여러 차례 주변을 다니며 사람을 압도하는 외관만 보다가 마음을 정하고 순례자의 마음으로 들어갔다.

 '성스러운 지혜'를 뜻하는 이름을 가진 아야 소피아 그리스어로는 하기아 소피아, Hagia Sophia Museum 는 1453년 메흐메트 2세가 콘스탄티노플을 점거하기 직전까지 그리스 정교회의 총본산으로 바티칸의 성 베드로 대성당이 지어지기 전까지 세계 최대 규모를 자랑하는 성당이었다.

 오늘날 비잔틴예술의 최고 걸작이라는 찬사를 받는 아야 소피아 성당이 처음 건립된 것은 360년 콘스탄티누스 2세에 의해서였다. 이후 화재로 인해 큰 피해를 보았으나 유스티니아누스 황제 때인 532년부터 5년에 걸친 개축 공사로 대성당이 완성되

아야 소피아 전경

었다. 황제는 '하늘은 둥글고 땅은 네모나다.'라는 당시의 기독교적 우주관을 한눈에 볼 수 있게 네모난 건물 위에 둥근 돔 모양의 지붕을 얹도록 했다. 그리고 교회가 하나임을 표현하기 위해 내부에는 기둥이 없도록 하라는 명을 내렸다. 당시 건축 기술로는 말도 안 되는 조건이었지만 우여곡절 끝에 대성당은 완성되었다.

이 건물의 구조에 대해서는 나는 자세히 설명할 지식이 없으니 백과사전 등을 참조하시기를……

그 아름다움이 극에 달하여, 재건축을 명한 유스티니아누스는 537년의 헌당식 날 "솔로몬이여, 내가 그대에게 승리했도다!"를 외치기도 했다고 전해진다. 성당은 에페소스의 아르테미스 신전과 레바논 바르베크의 아폴론 신전에서 운반해 온 기둥, 세계 곳곳에서 가져온 석재들을 이용해 건설되었다고 한다. 콘스탄티노플을 점령한 오스만 제국의 술탄 메흐메트 2세는 콘스탄티노플에 입성하자마자 곧장 이 전설적인 대성당으로 향하여 그 자리에서 아야 소피아를 모스크로 사용하겠다고 선언했다. 오스만 정복자들은 성당 건물 주위에 이슬람식 첨탑 미나렛 을 세웠고, 내부의 모자이크화는 회벽과 코란의 문자들로 덮었다.

헌당 당시 성당을 빛내고 있었을 6세기의 모자이크는 8~9세기의 성상 파괴 운동 때에 없어지고, 그 후에 제작된 모자이크도 15세기 이후 이슬람교의 점거 하에 거의 없어졌으나 최근의 조사에 의하여 앞방과 2층 복도의 벽면에서 석회 속에 그려져 있던 9~13세기의 모자이크의 일부가 발견되어 그 고도의 기술과 뛰어난 표현이 시선을 끌고 있다. 건물 내에는 비잔틴의 세련된 장식 조각들이 적지 않게 남아 있다.

1923년 튀르키예 공화국이 수립되었을 때 유럽 각국은 아야 소피아의 반환과 종교적 복원을 강력하게 요구했지만, 튀르키예 정부는 이곳에서 기독교든 이슬람이든 종교적 행위를 금지하고 박물관으로 운영하기로 하여 1935년에 박물관으로 공개되었다. 현재 성당으로서의 흔적과 모스크로서의 흔적이 사이좋게 같이 공존하고 있는 이곳의 정식 명칭은 아야 소피아 박물관이다.

세계 각지에서 종교적 분쟁이 끊임없이 일어나고 있는 현대에 아야 소피아는 오랜 역사의 흐름 속에서 종교적인 분쟁을 초월하고 살아남은 역사적 유적이다. 당시 이슬람 지도자들의 종교적 관용도 그 이유 중의 하나이겠지만, 시공을 뛰어넘는 절대적 가치를 지닌 예술로 인정받았기 때문에 보존된 것으로 생각된다.

아야 소피아는 외부 복도와 내부 복도, 본당 1~2층으로 이루어져 있다. 입구 왼쪽 안에 있는 나선형 통로를 지나 2층의 갤러리로 올라가면 금색으로 반짝이는 모자이크화를 가까이에서 감상할 수 있다. 모자이크화는 9세기 초 콘스탄티노플의 성상 파괴 이후 그려진 작품들이 대부분으로, 최후의 심판에 임하는 예수와 성모마리아, 세례자 요한의 모습을 묘사한 작품이 가장 유명하다. 또한 아야 소피아의 출구 뒤편에는 비잔틴 제국의 황제들이 성모마리아에게 콘스탄티노플과 아야 소피아 성당을 봉헌하는 모습을 나타낸 모자이크화가 있다. 그냥 지나치기 쉬우니 성당 내부 관람을 마치고 나오는 길에 눈여겨 찾아서 꼭 보시기를 바란다.

제국의 문

아야 소피아의 입구를 지나면 외랑과 내랑을 거쳐 본당으로 들어가는 청동으로 둘러싸인 거대한 문으로 들어가게 된다. 높고 웅장한 문은 황제가 사용하는 문으로 '황제의 문' 또는 '제국의 문'으로 불린다. 문 위에는 예수와 성모 마리아, 대천사 가브리엘이 그려져 있는 '판토크라토르 전능하신 주' 모자이크가 있는데 그 앞에 무릎을 꿇고 있는 사람은 레오 6세이다. 레오 6세는 비잔틴 제국의 기틀을 다진 뛰어난 황제였지만 자신

판토크라토르(전능하신 주)

의 삶은 기구했다고 한다. 이 모자이크의 내용은 네 번이나 결혼하면서까지 아들 콘스탄티누스에게 황제의 자리를 물려주는 과정에서 자신이 저지른 잘못에 대해 속죄하는 모습이라고 한다. 천하를 다 가진 것 같은 황제도 신 앞에는 항상 겸손할 수밖에 없었다.

내부에 들어서면 입구 양쪽에 거대한 항아리가 눈에 보인다. 이 항아리는 페르가몬에서 가져왔다고 하는 대리석으로 만든 항아리다. 발견 당시에는 세 개의 항아리 안에 은화가 가득했다고 하는데 이것을 발견한 농부에게 상으로 하나를 주고 두 개만 이곳에 남아 있다고 한다.

항아리

본당에 들어서면 40개의 창문을 통하여 빛이 쏟아진다. 중앙 돔의 아래에는 원래 4명의 천사가 그려져 있었다는데, 모스크로 사용하는 도중에 지워져 3명의 천사는 얼굴은 보이지 않고 날개와 몸 부분만 남아서 아쉬움을 자아낸다. 또 돔 바로 아래에는 원형 나무판에 금빛의 커다란 이슬람 문자가 새겨져 있다. 그리스도교인들에게는 성지를 빼앗긴 상처의 흔적으로 남았지만, 현재는 그리스도교의 성당과 이슬람의 코란 문자가 어우러져 아야 소피아 그 자체로 보인다.

돔의 가장 안쪽에는 술탄의 전용 좌석이 있으며, 원래는 성당의 제단이었던 곳을 이슬람의 제단으로 바꾸면서 메카를 향해 제단의 방향을 살짝 틀었다고 한다. 이 제단 뒤쪽으로는 섬세한 스테인드글라스 창문이 있고 그 위의 작은 돔에 성모 마리아와 아기 예수의 황금빛 모자이크가 새겨져 있다.

내부의 여러 모습

아야 소피아는 지금도 내부 복원을 위해 작업 중이다. 언제 이 복원이 완성되어 찬란한 모습을 보게 될는지……

그레고리우스 성인이 자신의 치유 능력을 옮겨 놓았다는 본당 왼편에 있는 대리석 기둥을 '소원의 기둥'이라 부른다. 아야 소피아를 세 번째 지었던 유스티니아누스 1세가 머리가 아플 때 이 기둥에 기댄 뒤 두통이 나았다는 전설이 있는 곳으로, 아야 소피아를 찾은 사람들은 이 기둥에 아픈 곳을 낫게 해달라는 소원을 빈다. 대개 사람들이 줄을 길게 늘어서 있으니 쉽게 찾을 수 있다. 낫고 싶은 곳을 손으로 문지르고, 가운데 구멍에 엄지손가락을 대고 나머지 손을 펼치고, 손을 떼지 않고 한 바퀴를 돌리면 소원이 이루어진다고 한다.

아야 소피아에서 유명한 것은 2층의 모자이크이다. 오스만 제국 시절 모자이크 대부분은 회칠로 덮이고, 그 위에 이슬람의 성경인 코란이 새겨졌었다. 이 과정에서 살아남은 모자이크 작품들을 보면 아야 소피아가 오늘날 그리스도교인들의 성지 순례 장소인 동시에, 이슬람교도의 성지 순례지가 되는 이유를 알 수 있게 해준다.

자미 안에 회벽으로 가려져 있던 2층의 모자이크는 1931년 미국의 조사단에 의해 발견되었다. 그 뒤 아타튀르크의 지시로 복원이 진행되었고 1964년까지 복원 작업이 계속되어 그 해 2층 회랑이 처음으로 개방되었다. 원래의 모자이크는 성상파괴 운동 때 거의 다 지워졌고, 지금 우리가 감상하는 모자이크는 성화가 우상 숭배가 아니라고 규정한 787년 니케아 공의회 이후의 작품들이다. 특히 이 과정에서 이레네 2세가 큰 역할을 하였기에 동방 정교회에서는 그녀를 성상 공경을 부활시킨 성인으로 추앙하고 있다.

2층으로 올라가 '천국의 문'이라고 부르는 문을 지나면 '데이시스 Deësis' 모자이크를 먼저 볼 수 있다. 데이시스란 간청 혹은 애원을 의미한다. 심판을 주관하는 그리스도를 중심으로 오른쪽에는 세례 요한이 왼쪽에는 마리아가 죄인의 벌을 가볍게 해달

천국의 문

라고 간청하는 내용을 표현한 것으로 1261년에 제작되었다. 아야 소피아에 있는 성화들 가운데 가장 심하게 훼손되어 전체의 2/3 정도가 보이지 않지만 아야 소피아에서 가장 아름답고 섬세한 모자이크로 꼽힌다. 그리스도와 세례자 요한은 상반신의 상당 부분이 남아 있지만 마리아는 얼굴과 왼쪽 어깨 부분만 남았다.

남쪽 창에 가까이 걸려있는 이 그림은 창을 통하여 들어오는 자연의 빛을 받아 더 빛나고 있었다. 모자이크에 등장하고 있는 세 사람의 배경으로 조개 모양의 황금빛 문양이 보이는데, 햇빛이 조개껍데기의 가장자리를 따라 반사되어 빛이 날 때 특히 예수상의 후광 부분이 더욱 빛났다. 종교적인 조각이나 그림을 볼 때 햇빛이 비치는 각도에 따라서 느끼는 감흥이 다르다는 것을 곳곳에서 받는다. 그래서 다른 사람은 느끼지 못하는 감동을 나는 때때로 느끼기도 하는데 이 벽화의 예수상에서 또 다른 감동을 느꼈다.

데이시스 모자이크의 맞은편 바닥에는 HENRICUS DANDOLO라고 새겨진 대리석 판이 있다. 1204년 4차 십자군을 이끌고 콘스탄티노플에 쳐들어와 콘스탄티노플을 약탈하여 황폐화시킨 베네치아 상인 단돌로의 무덤이 있던 자리의 표시이다. 그는 평소 십자군들이 그동안 베네치아에 진 빚을 갚으려면 콘스탄티노플을 점령하는 길밖에 없다고 주장하였다. 콘스탄티노플 탈환 이후 그의 무덤은 파헤쳐지고 뼈는 개에게 던져졌는데 개들조차 그의 뼈를 외면했다는 이야기가 전해진다. 콘스탄티노플 사람들은 단돌로의 무덤을 파헤쳐 유골을 내다 버린 것도 모자라 무덤이 있던 자리에 이름을 새겨 밟고 다녔다고 한다. 내가 가진 사진을 아무리 찾아도 이 무덤 표시가 없다. 그러니 영화 〈인페르노〉의 장면을 보면 랭던박사가 이 무덤을 찾는 장면이 나온다.

4차 십자군의 콘스탄티노플 점령은 그리스도교 역사에서 재앙이었다. 57년간 자행된 약탈로 비잔틴 제국의 온갖 성물과 보물들은 해외로 팔려나갔고 유적지는 황폐해졌다. 이 약탈로 동방정교회와 라틴교회는 씻을 수 없는 불화에 빠졌고, 그 뒤 교황이 두 번에 걸쳐 사과와 유감을 표시했다. 그 골이 얼마나 깊었던 지 사건이 발생한지 800년 가까이 된 2001년에 아테네를 방문한 교황은 그리스 정교회 흐리스토둘로스 대주교에게 다음과 같이 사과의 뜻을 분명히 밝혔다.

> "저는 오랫동안 동방 그리스도 신앙의 보루였던 콘스탄티노플의 불행스러운 약탈에 대해 생각하고 있습니다. 성지 회복을 위해 떠난 십자군이 같은 그리스도교 형제들을 기습한 사건은 비극이었습니다. 특히 그들이 라틴교회에 속한 그리스도교들이었기에 가톨릭교회로서는 더욱 유감스러운 마음을 갖게 됩니다."

데이시스(간청, 탄원) - 심판의 날 모자이크

2층 회랑 끝에 아기 예수를 안은 성모 마리아를 중심으로 요한 2세 콤네누스 황제와 이레나 황후가 성모로부터 축복받는 모습을 표현한 성화 '콤네누스' 모자이크가 있다. 이 성화는 1122년에 제작된 것으로, 황제가 들고 있는 자루에는 돈이 들어 있고 황후가 들고 있는 것은 봉납 명세를 적은 문서로 교회에 대한 황실의 기부를 의미한다. 그리고 황태자인 장남 알렉시오스 콤네누스의 모습은 성화의 옆으로 튀어나온 기둥의 옆면에 그려졌다. 황후는 헝가리의 공주였는데 콘스탄티노플로 온 후에는 동방 정교회로 개종할 만큼 아주 신앙심이 깊었고, 황제도 유능하고 신앙심이 깊었으나 불행한 가족이었다. 황제와 황후 그리고 아들들이 모두 병이 들어 일찍 죽었다.

요한 2세와 이레네 황후 가운데 왕좌에 앉아 있는 마리아와 축복을 내리는 아기 예수

콘스탄티누스 9세와 황후 조에 가운데 왕좌에 앉아 축복을 내리는 그리스도 모자이크

2층 남쪽 회랑의 또 다른 쪽에는 황후 조에의 모자이크가 걸려 있다. 11세기에 제작된 이 모자이크는 파란색 옷을 입고 왼손에 성경을 든 그리스도가 조에 황후와 그녀의 세 번째 남편 콘스탄티누스 9세를 축복하는 모습을 담았다. 파란만장한 인생의 조에는 스스로가 여제가 되었다가 세 번째 결혼을 한 콘스탄티누스 9세의 황후가 된다. 조에 황후의 남편이 바뀔 때마다 남편의 얼굴과 명문, 조에의 얼굴 부분을 바꾸었다고 한다. 그래서 다른 성화와는 달리 이 성화를 조에의 모자이크라고 한다. 콘스탄티노스 9세 역시 교회에 헌납하는 돈 자루를 들고 있고 조에는 봉납 명세를 적은 문서를 들고 있다.

1층 본당의 설교단 안쪽에는 예수를 안은 성모를 중심으로 가브리엘과 미카엘의 모습이 새겨져 있다. 원래 6세기에 그려진 것인데 성상파괴운동으로 파괴되었다가 9세기에 다시 그린 것이다. 현존하는 가장 오래된 그림으로 추정하는데, 밑에서 위를 쳐다보면 아름다운 성상이 사람들에게 항상 희망을 주는 얼굴로 내려 보고 있다.

설교단 모자이크

남서쪽문 모자이크

　2층을 한 바퀴 돌아 1층으로 내려오면, 남서쪽 문으로 나간다. 이 문 위에는 예수를 안은 성모마리아와 좌우에 황제가 새겨져 있는 모자이크가 있는데, 오른쪽의 콘스탄티누스 대제는 콘스탄티노플을, 왼쪽의 유스티아누스 황제는 아야 소피아 대성당을 봉헌하는 장면이다.

　아야 소피아는 이스탄불의 상징일 뿐만 아니라 인류 문화유산의 상징이라 할 수 있다. 처음의 성당 건설은 당시의 유명한 수학자인 밀레토스의 이시도로스와 트릴레이스의 안테미오스의 설계로 5년 10개월 동안 진행되었다 한다. 56m의 높이 위에 31m나 되는 돔을 기둥을 하나도 받치지 않고 올리겠다는 것은 당시의 기술로는 너무나 무모한 설계였다. 그래서 공사 중에 계속 설계가 바뀌고 외부 보강 공사를 하였다. 특히 돔의 무게를 지탱하지 못해 아치가 변형되어 완벽한 반원 형태가 아닌 곳이 많고, 외벽에는 돔이 바깥으로 밀려나는 것을 막기 위해 지지대가 계속 보강되었다. 그 뒤에도 많은 보강 공사가 있었지만 이런 여러 결함에도 불구하고 아야 소피아는 고대 건축사에 길이 남을 건물이다.

아야 소피아의 외부 유물 아야 소피아 분수

유럽의 여러 나라를 여행하면서 많은 고대의 유적과 건축물을 보면서 감탄사를 끊임없이 토했다. 하지만 이 아야 소피아를 보고 그 건물의 건축 과정과 내부의 아름다운 모습, 종교적인 경건함을 함께 느낄 때 우리는 아무런 지적인 호기심을 가질 필요가 없다. 그저 우리는 눈으로 아야 소피아를 보고 가슴으로 감상하고 즐기면 되는 것이다. 아야 소피아를 내 눈으로 보는 것만 해도 감사해야 하는 것이다.

시내를 여러 곳 돌아다니다 아야 소피아를 구경하기 전에 점심을 아야 소피아 바로 뒤의 골목에 있는 레스토랑으로 갔는데 겉으로 보기에도 가격이 만만해 보이지는 않는 집이었다. 그래도 비용에 별로 구애받고 싶지 않고, 오랜만에 호사를 누리려고 들어가 보니 상당히 고급의 레스토랑이다. Matbah라는 곳인데 원래의 이 단어의 뜻은 술탄의 부엌이라는 의미로 그만큼 고급스럽고 자부심이 강한 곳으로 값은 상당하지만, 분위기도 좋고 음식도 훌륭한 레스토랑이었다.

이 집은 상당히 유명한 집으로, 이 글을 쓰기 위해 인터넷을 검색하니 이 집 상호만 넣어도 바로 이스탄불 구시가지의 레스토랑이라고 검색이 된다. 가격이 절대 만만한 집이 아니니 신중하게 주문하는 것이 좋다.

메뉴판 레스토랑의 전경

이스탄불 5 고고학 박물관과 주변

이스탄불 역사 지구 굴하네 공원에서 톱카프 궁전 쪽으로 조금 가면 나타나는, 고대문명의 유물을 간직하고 있는 이스탄불 고고학 박물관의 외부 모양은 많은 서구의 박물관에 비해 초라해 보이지만, 1891년에 세워져 세계 5대 고고학 박물관에 속하는 세계적인 박물관으로 고고학 자료들이 100만 점 이상 소장된 것으로 알려져 있다. 이 박물관은 정원을 둘러싸고 고고학 박물관 The Archaeological Museum , 고대 동양 박물관 The Ancient Orient Museum 그리고 타일 키오스크 박물관 Tiled Kiosk Museum 등 3개의 박물관으로 구성되어 있다. 헬레니즘 시대부터 그리스, 로마 시대까지의 조각과 석상을 주로 소장하고 있으며, 그중에 기원전 305년경에 만들어진 알렉산드로스 대왕의 석관으로 지칭되는 세계적으로 중요한 유물도 있다. 실제로는 알렉산드로스의 관이 아니라는 설이 유력하다. 석관은 현재 레바논의 시든에서 1887년에 발견되어 이곳으로 가져와 이곳의 대표적 전시물이 되었다. 하지만 이것도 행운이 따라야 구경할 수 있다. 내가 박물관에 가서 아무리 찾아도 석관이 보이지 않아 관리인에게 물어보니 당분간 전시

고고학 박물관 전경

가 중단되었다고 하여 보지 못하고 '아쉽지만, 이것도 운이구나.' 하고 나왔다. 튀르키예의 유적들은 프랑스와 영국, 독일이 발굴하고 조사한 것이 많으므로 튀르키예 유물의 많은 것이 프랑스와 영국, 독일의 박물관에 소장되어 있으나, 1881년 이후에 발굴된 유물은 이곳에 대부분 소장되어 있다. 또 트로이 유물이 가장 많이 전시된 곳은 이스탄불 고고학 박물관이다. 물론 하인리히 슐리이만이 빼돌린 값비싼 유물에 비교할 수는 없지만, 트로이 유적지의 아쉬움을 달랠 수는 있다.

박물관에 들어가면 먼저 왼쪽에 마주하는 건물이 고대 동양 박물관이다. 이 박물관은 1883년 오스만 함디 베이에 의해 건축되었고, 1935년에 박물관으로 개관되었다가 복원과정을 거쳐 1974년 재개관했다. 고대 동양 박물관에는 세계 문명이 시작된 소아시아와 메소포타미아, 고대 이집트, 아랍 반도 등에서 출토된 유물들을 전시하고 있으며 75,000여 개의 쐐기 문자판도 소장하고 있다고 한다.

이 건물의 계단 양쪽 아래에는 기원전 약 18세기 무렵의 히타이트 유물인 사자상이 우리를 반겨 준다. 이곳에는 그리스 이전에 튀르키예를 지배했던 여러 왕조의 유

고대 동양 박물관

물과 주변 동양의 고대 유물이 전시되어 있다. 수많은 전시물을 모두 소개할 수는 없고 그중에서 내가 좋아하는 유물들만 소개한다. 유물은 각자의 선호도에 따라 호불호가 있을 수 있으니, 이곳에서 보여 드리는 것은 순전히 내가 좋아하여 조금 더 구경한 부분이다.

카데시 조약문

카데시 조약문 판은 이스탄불 고고학 박물관에 있는 이집트와 히타이트의 조약문으로, 세계 최초의 평화조약으로 알려져 있다. 기원전 2,000여 년에 그 당시 최고의 제국이었던 히타이트 제국과 이집트 제국의 카데시 전쟁 결과 맺은 조약으로 아주 상세한 내용을 담고 있다고 한다. 하지만 쐐기문자로 쓰여 있고, 그 돌은 여러 개로 깨져 있었다. 카데시 조약문은 히타이트본 조약문과 이집트본 조약문이 있는데, 주된 내용은 비슷하지만 세부 내용이 다소 다르게 기록되어 있다고 하는데 여기에 있는 것은 1906년 튀르키예 보가즈쾨이에서 발굴된 히타이트본 조약문이다.

이 조약이 가지는 의미가 매우 크기 때문에 뉴욕의 유엔 건물 들어가는 입구에 이 조약의 모형

아시리아의 왕 살마네세르 3세 입상

이 있다고 한다. 그러기에 평화를 추구하는 자라면 마땅히 알아야 하고 실천할 내용으로 그 문구를 살펴봐야 할 것이다.

박물관에는 아시리아의 왕 살마네세르 3세 입상이 위용을 자랑하며 서 있다. 아시리아는 메소포타미아 북부 지역에서 티그리스강 상류를 중심으로 번성한 고대 국가

로서, 그 명칭은 중심 도시였던 아수르 Assur 시에서 유래했으며, 바빌로니아와 같이 수메르문명의 계승 국가다. 이 입상에 나타난 인물의 모양은 오늘날의 그 지역 사람을 보는 듯하다.

유명한 이슈타르 문을 장식하고 있었던 시루슈 용 와 오룩스 황소 가 눈에 들어온다. 고대 바빌로니아의 신화에 등장하는 시루슈는 신들의 지배자인 마르두크의 상징이며, 오룩스는 기후의 신 라만의 상징이다.

마르두크 Marduk 는 고대 신으로 위대한 도시 바빌론의 수호신으로 함무라비왕 시대부터 바빌로니아의 여러 신 가운데 주신 主神 의 역할을 하였고, 나중에 수메르의 신 벨과 합쳐져 '벨 마르두크'로 숭배되었다. 전설에는 에아와 엔릴의 후계자로 악한 용 티아마트를 죽이고, 티아마트의 시체를 이용하여 혼돈으로부터 세계를 창조하였다고 전해지며 상징 동물은 용이다. 전통적으로 바빌로니아의 왕은 마르두크의 현신으로 마르두크 신앙의 수호자로 여겨졌다. 글쓰기와 지혜의 신인 나부 Nabu 는 이 마르두크의 아들로 알려졌다.

마르두크는 '태양의 아들'이라는 뜻으로 구약성경 예레미야서 50-2에 나오는 '벨' '모르닥'과 같다.

이슈타르문을 장식하고 있는 시루슈(용)와 오룩스(황소)

"바빌론이 점령된다. 벨이 수치를 당하고 모르닥이 공포에 질린다. 신상들이 수치를 당하고 우상들이 공포에 질린다." 성경. 한국천주교주교회의

사자는 이슈타르 여신의 상징 동물로, 바빌론의 이슈타르 문에서 마르두크신전까지 이어지는 폭 16m, 길이 300m의 행진 길 양쪽에 총 120마리의 사자가 부조되어 있었다고 한다. 채색 유약 벽돌을 한 장씩 구워서 만들었는데 약 3,000년이 지난 지금도 색깔이 또렷하게 전해진다. 이 사자의 행진 길 벽돌 장식은 독일 베를린의 페르가몬 박물관에 이슈타르 문의 일부로 복원 전시되어 있다고 한다.

고대 동양 박물관을 나오면 고고학정원이라는 곳을 본다. 튀르키예는 땅만 파면 고대 유물이 나온다고 해서 유물을 따로 보관하지 않고 뜰에 아무렇게나 두다가 오늘

바빌론 이슈타르 문 사자 장식(기원전 6세기)

정원에 있는 유물

정원에 있는 메두사

날은 하나의 정원으로 만들어졌다고 하는데 믿거나 말거나…… 한가로이 이 정원을 거닐면서 벤치에 앉아 유물을 바라보면 이 정원에 있는 석조 유물들이 더 우리에게 친근함을 준다.

잠시 정원에서 여러 유물을 보고 간 곳이, 화가 오스만 함디 베이 Osman Hamdi Bey 에 의해 1881년에 건축되었고, 1908년 오늘날의 박물관으로 완성된 고고학 박물관이다. 이곳은 두 개 층에서 유물을 전시하고 있는데, 지하층에 있는 알렉산더 석관 등 유명한 석관들을 비롯해 로마 시대의 사포의 두상 The Head of Sappho, 헬레니즘 시대의 마르시아스 상 The Statue of Marsyas 등 고대부터 로마 시대까지의 조각상들이 전시되어 있다. 하지만 내가 간 날은 수리한다고 지하층을 개방하지 않아서 아쉬움을 가지고 나머지만 보고 발길을 돌려야 했다. 여행하면서 느끼는 것이지만 여행도 운이

지혜와 전쟁의 여신 아테네
(기원전 5세기)

헤르메스와 아포르디테의 아들로 여성성과 남성성을 한 몸에 가졌다는 헤르마프로디토스 상 (기원전 3세기)

여류 시인 사포의 두상
(기원전 6세기)

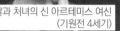
달과 처녀의 신 아르테미스 여신
(기원전 4세기)

사랑과 미의 여신 아포르디테
(기원전 2-3세기)

아키트레이브(Architrave)에 켄타우로스와 스핑크스가 부조되어 있다.

타일 박물관의 아름다운 외양

많이 작용한다. 나의 책 『아들과 함께 그리스 문명 산책』에서 언급한 카파도키아에서 열기구를 탈 수 있었던 것이 대표적이다. 그런데 이곳에서는 ……

고고학 박물관을 나와 타일 키오스키 박물관으로 갔다. 타일 키오스크 박물관은 1472년 오스만 튀르크 제국의 메흐메트 2세 Mehmed II 에 의해 건축된 이스탄불에서 가장 오래된 건축물로 오스만 튀르크 제국의 건축 양식을 잘 보여준다. 1875년에서 1891년에는 황제박물관으로 사용되었고, 1953년에 튀르키예 이슬람 예술 박물관으로 대중에게 개관되었으며 이후 현재의 이스탄불 고고학 박물관으로 통합되었다. 타일 키오스크 박물관에는 11세기부터 20세기까지 셀주크와 오스만 시대의 아름다운 기와, 타일 장식, 도자기 등 예술품 2,000여 점을 전시하고 있다.

이 타일 키오스크 박물관은 역사적인 유물을 보면서 지나간 인류의 역사를 회상하는 곳이 아니라, 그저 아름답게 장식된 장식품을 보면 된다. 고고학 유물만 보다가 눈이 호사를 누린다. 아니 눈뿐만 아니라 머리도 가슴도 호사를 누린다. 꼭 들러서 시간의 여유를 가지고 보시기를 ……

이 글을 쓰면서 아무리 생각해도 이스탄불 고고학 박물관을 다시 가야겠다는 생각이 든다. 무엇인가 제대로 보지 못한 기분이 너무 많이 들어서 사실은 이 글에서 '고고학 박물관을 소개할까? 말까?' 하고 고민을 많이 하였다. 나는 여행을 하면서 박물관은 비교적 꼼꼼하게 보는 편인데 이스탄불 고고학 박물관을 볼 때는 무엇에 홀렸는지 박물관의 유물을 제대로 보지 못한 느낌이 많이 들고 사진도 제대로 찍지 못한 느낌이라 후회가 많이 된다. 그리고 소개도 제대로 하지 못하는 것 같아 미안한 생각도 많다. 그래도 이런 곳이 있다는 것을 소개해야 한다는 생각으로 아쉬운 부분이 있지만 소개한다.

타일 키오스키 박물관의 유물들

언젠가 다시 이스탄불에 가서 고고학 박물관을 세밀하게 보고 다시 소개할 날이 있으리라 생각하고……

숙소가 이스탄불대학교 바로 옆에 있어 아침저녁으로 나가면 학생들을 많이 본다. 특히 저녁에는 식당에 저녁을 먹으러 오는 학생들이 많았다. 우리나 그들이나 젊은 학생들은 똑같다.

이스탄불을 돌아다니면 곳곳에 보이는 것이 고대의 유적지다. 특히 역사 지구 주변에는 고대와 현대가 같이 공존하고 있다. 물론 고대 유적지를 중심으로 관광객들이 모여들기에 현대의 시장이 발달하고, 관광객들을 위한 편의시설이 발달하면서 시가지가 발전한 것이다.

하지만 복잡한 시가지를 걸어 다니며 사람들이 사는 모습을 구경하는 것도 재미있다. 우리나 그들이나 모두 사람이 사는 모습은 비슷하다. 일상생활은 어디나 비슷한 것이다.

귈하네 공원

이스탄불대학교

한국의 유학생인지, 관광객인지 누군가 한글로 글을 써 놓았다

길거리에서 파는 그림

이스탄불 6 톱카프 궁전

제법 많은 날을 이스탄불에 머물렀는데도 이스탄불은 넓고, 보아야 할 것이 많아 이스탄불의 아시아지역은 전혀 발걸음을 떼지 못했다. 여행을 이스탄불에만 무한정 머물 수 없어 이스탄불에서의 마지막을 오스만 제국의 정치 문화의 중심지 톱카프 궁전으로 정했다. 이 궁전만 보면 역사 지구를 비롯한 탁심 지구 등 웬만한 것은 그래도 대부분은 돌아본 것이기에 아쉽지만 다음을 기약할 수밖에 없다.

> "… 고르지 못하고, 비대칭적이고 중심축이 없으며, 기념비적이지 않은 균형."
> 이 말은 톱카프에 대한 초기 유럽인 방문객의 묘사이다.

1453년 콘스탄티노플을 차지한 메흐메트 2세가 현재의 이스탄불 대학교가 있는 자리에 궁전을 짓고 옛 궁전이라는 뜻으로 '에스키 사라이 Eski Sarayı'라고 불렀는데, 지금은 흔적도 남아 있지 않다. 그 뒤 몇 년이 지난 후, 보스포루스 해협과 마르마라해, 금각만이 합류하는 지점이 내려다보이는 언덕 위에 새로 지은 궁전이 바로 이슬람 문화의 진수를 보여주는 톱카프 궁전이다. 톱카프 궁전이 자리한 지역에는 동로마 제국이 세운 건축물이 있었으나, 톱카프 궁전이 들어서면서 모두 사라졌다 한다. 톱카프 궁전은 새로운 궁전이라는 뜻으로 처음에는 '예니 사라이 Yeni Sarayı'라고 불렸으나, 궁전 입구 양쪽에 대포가 배치되면서 이름을 톱카프 궁전으로 불리게 되었다. '톱'은 대포라는 뜻이고 '카프'는 문이라는 뜻이다. 이 궁전은 1856년 돌마바흐체 궁전으로 옮기기 전까지 400년 동안 끊임없이 증축과 개축이 진행되고 네 번의 대화재를 거치면서 현재의 규모는 원래의 규모에 비해 많이 축소되었다. 총면적이 70만 평이나 되는 톱카프 궁전의 본래 규모는 오늘날의 시르케지 철도역과 귤하네 공원을 포함하면서 마르마라해 방향의 아래쪽까지 분포했다고 한다. 궁전은 튀르키예 공화국이 수립되고 1924년에 박물관으로 바뀌어 현재는 박물관으로 이용 중이다. 주변 풍경이 아름답기로 유명한 보스포루스 해협이 내려다보이는 높은 평지에 위치하는 톱

톱카프의 모형도

카프 궁전은 단순한 왕족의 거처가 아니라 술탄과 중신들이 회의를 열어 국가 정치를 의논하던 장소였다. 궁전 내부는 정원 4개와 부속 건물들로 구성되어 있는데 400여 년 동안 계속된 증축과 개축으로 오스만 건축 양식의 변화 과정을 순서대로 살펴볼 수 있다.

톱카프 궁전은 크게 비룬 외정과 엔데룬 내정 그리고 하렘 세 곳으로 나뉘어 있다.

톱카프 궁전은 세 개의 문과 그에 딸린 네 개의 넓은 정원을 가지고 있다. 첫째 정원이 가장 넓고 내부로 들어갈수록 점차 규모가 작아진다. 첫째 정원은 궁전에서 일하던 사람들이 살던 공간이고, 둘째 정원은 왕실의 부엌과 마구간 등이 있었으며, 셋째 정원은 술탄의 가족이나 고위 인사들이 들어갈 수 있었던 제국의 기관이 있었으며, 넷째 정원은 술탄과 왕자들이 거처하던 개인의 공간이었다. 그래서 이 톱카프 궁전은 안으로 들어갈수록 호화로운 건물과 볼거리가 많다.

첫 번째 문은 '황제의 문' 또는 '술탄의 문'이라 부른다. 문의 바깥쪽에 새겨진 글은 메흐메트 2세가 이 궁전의 건축을 1478년에 완공했다고 기록하고 있다. 황제의 문을 들어서면 첫째 정원이 있다. 첫째 정원에는 여러 건물이 있었으나, 현재는 하기아 이레네 성당과 화폐 제작소만 남아 있다. 정원 왼쪽에 보이는 이레네 성당은 아야 소피아 성당이 건설되기 전 세워졌으나 '니카의 난'으로 소실되어 유스티니아누스 황제 때 재건되었다.

이레네 성당은 6세기 무렵 건립된 전형적인 비잔틴 건축물인데, 오스만 제국이 모스크로 사용하지 않고 전리품과 무기 저장소로 사용하였기 때문에 건축물의 원래 형태가 그대로 남아 있다. 그러다가 1846년에 오스만 제국 최초의 박물관으로 사용되었다.

황제의 문

첫째 정원을 지나면 술탄 이외에는 모두 말에서 내려 경의를 표한 뒤에 들어간다고 해서 이름이 붙여진 '경의의 문'이 있다. 여기서부터는 일반 백성의 출입이 금지되었다고 하는데, 경의의 문 양쪽에는 감옥으로 사용했던 석탑이 세워져 있고, 이 문의 오른쪽 벽에는 사형 집행자의 손과 칼을 씻었다는 우물이 있었다. 그리고 문 옆에는 참수된 사람의 머리를 놓아둔 두 개의 대리석이 있었다고 한다. 경의의 문 뒤의 둘째 정원은 대신들이 국사를 논의하던 디완 건물과 거대한 황실 주방인 부엌 궁전이 자리하고 있다. 오른쪽에 굴뚝이 늘어선 건물이 요리사 수백 명이 음식을 준비하던 주방으로 하루에 두 번 궁중 음식이 준비되었고, 해가 긴 여름철에는 해지고 두 시간 후쯤 군주와 하렘의 황실 가족들에게 음식이 제공되었다고 한다. 현재 도자기 전시실로 사용되고 있는데, 중국산 자기 1만 2,000점과 일본산 자기 800여 점을 소장하고 있다. 중국산 자기는 원 이후 시대의 것으로 청자기와 백자기가 주를 이룬다. 하지만 한국의 도자기는 보이지 않는다.

세 번째 '지복의 문 행복의문'은 군주와 군주의 측근만이 통과할 수 있는 문으로, 이 문 뒤에 있는 셋째 정원에서는 군주의 즉위식이 성대하게 열렸던 곳이다. 지복의 문 바로 뒤쪽에는 외국 사절을 접견하는 알현실이 있는데, 고관이나 외국 사신들도 이 알현실 이상은 들어갈 수가 없었다고 한다.

경의의 문

옛날의 주방

지복의 문

제3정원의 풍경

  셋째 정원에 위치한 '보물관'은 톱카프 궁전 관람의 하이라이트다. 술탄이 사용하던 왕좌, 갑옷과 투구, 무기 등 호화로운 보석으로 장식된 물건들이 가득한 중에도 황금과 에메랄드, 다이아몬드로 장식된 '톱카프의 단검'이 유명하다. 이곳에는 이슬람의 마호메드가 쓰던 외투와 칼, 턱수염과 치아 등이 있어 이슬람의 성지 순례 장소이다. 또한 진위는 따질 수 없는 모세의 지팡이, 다윗의 칼, 세례 요한의 손뼈 등이 보관되어 있어 그리스도교에도 성스러운 곳이다. 하지만 아쉽게도 이곳은 엄격하게 사진 촬영이 금지되어 그저 눈으로만 보고 나와야 한다.

  이 셋째 정원에서 넷째 정원으로 가는 길에 건물의 내부 계단을 따라 내려가면 이스탄불에서 유명한 톱카프의 유일한 카페 겸 레스토랑 로칸다 콘얄르 Konyali 가 있다.

레스토랑에서 보는 보스포루스 해협

레스토랑 메뉴판

제 4정원의 바그다드 정자

이프타리예 정자

제 4정원의 다른 정자들

제4정원 정자의 내부

이스탄불의 풍경을 가장 아름답게 볼 수 있는 위치에 자리 잡고 있는 이 카페는 철저하게 돈의 논리가 적용되는 곳이다. 카페를 세 구역으로 구분하여 바깥쪽은 간단히 아이스크림을 먹거나 차 등을 마시는 사람들이 앉아 있고, 중간은 간단히 식사하는 사람들의 좌석이며, 테라스 쪽으로 경치를 가장 즐길 수 있는 곳은 정식 식사를 하는 곳이다. 저번에 왔을 때는 간단한 식사를 했는데, 이번에는 이번 여행의 마지막 점심이라 정식 코스를 먹기로 하고 테라스에 자리를 잡았다. 만만하지 않은 가격이지만 밖으로 보는 풍경은 값을 치를 만하였고, 서비스도 한층 업그레이드되어 만족했다.

술탄과 그가 선택한 특정 인물들만 제한적으로 출입할 수 있었던 넷째 정원은 가장 작지만 빼어난 경관을 자랑하며, 정원 곳곳에는 정자가 있어 금각만, 보스포루스 해협, 마르마라해를 한눈에 조망할 수 있는 장소이다. 넷째 정원에는 오스만 조정 근위대의 지휘관과 관리를 양성하기 위한 궁전학교가 있었다. '엔데룬'이라 불리는 궁전학교는 톱카프 궁전 안에 설립된 관리 양성 교육기관으로, 궁전학교를 졸업한 졸업생들은 무사이면서 학자와 신사의 면모를 겸비하게 되었고, 건전한 무슬림인 동시에 나라에 충성하는 헌신적인 신하가 되었다.

* 하렘

중문을 지나 둘째 정원에 자리한 하렘 Harem 은 남성의 출입이 금지된 여성들만의 공간이었다. '금지된'이란 뜻의 하림에서 비롯된 하렘은 남성으로는 술탄과 거세한 환관들만 출입할 수 있었다고 한다. 미로처럼 복잡한 내부 통로로 이어진 하렘에는 약 400개의 방이 있었다고 하고, 하렘의 모든 창에는 철창이 달려 있는데 이는 외부의 침입과 여성 노예의 탈출을 막기 위해 설계된 것이라 한다.

톱카프 궁전의 서쪽에 자리한 하렘은 하나의 독립된 궁전으로 한평생 술탄만을 바라보며 살았던 여인들의 희로애락이 숨어 있는 장소이다. 외부와 철저히 단절된 이곳 하렘의 주인은 술탄의 어머니인데, 하렘의 수장인 모후는 궁궐의 실제 관리자로서 하렘 여성들과 술탄의 관계를 통제하고, 메카와 메디나에 보낼 종교기금도 관리했다고 한다. 술탄의 여인들이 살고 있는 하렘을 관리하는 일을 맡은 환관은 초기에는 코카서스 출신의 백인 환관들이 하렘을 수비했으나 16세기 말에 이르러 나일강 상류 출신의 흑인 환관들이 하렘을 지켰다고 하는데, 흑인 환관들

하렘 외부의 모습

은 이스탄불로 실려 오는 도중에 거세되었다고 한다. 하렘에는 모후 아래에 왕자를 생산한 왕비들이 있었고 다시 그 아래에 후궁들과 젊은 여성들이 있었으며 여성 노예도 있었다. 세월이 흐르고 현대화되면서 하렘은 1909년에 그 기능을 잃고 지금은 톱카프의 중요한 관광 명소로 남아 있다.

현재 일부만 공개되고 있는 하렘은 푸른 타일 장식과 스테인드글라스 벽화들이 매우 섬세하고 화려하며 아름답다. 하지만 전체적으로 어두운 조명이고, 창에는 창살이 달려 있어 묘한 분위기를 자아내지만, 하렘의 아름다움에는 관광객들이 감탄한다.

각양각색의 타일로 호화롭게 장식된 하렘의 내부

톱카프를 구경하면서 느낀 것은 오스만 제국은 우리가 생각하는 이상으로 강대하고 엄청난 제국이었다는 사실을 깨닫게 한다는 것이다. 아무리 술탄이 거주하는 곳이라지만 건물의 규모뿐만이 아니라 그 내부의 치장을 보면 그저 감탄만 할 뿐이다. 타일을 하나하나씩 구워서 내부를 장식한 것은 얼마나 많은 인력과 경비가 사용되었는지 짐작도 할 수가 없다. 우리나라의 왕궁을 비교해 보면 그저 말이 나오지 않는다.

튀르키예 여행에 도움이 되는 사족을 한 가지 붙이자면 튀르키예의 박물관 카드이다. 공식적으로 정부가 관리하는 모든 유적지에 통용되는 이 카드는 여러 종류가 있다. 짧게는 5일부터 최장으로는 15일까지 마음대로 들어갈 수 있는 카드가 있다. 유적지 방문을 좋아하는 사람들은 꼭 사기를 바란다. 15일짜리가 내가 살 때 185리라 약 오만 원 인데 유적지를 조금 많이 보면 5~6배는 이용 가치가 있다. 참고로 아야 소피아, 톱카프, 하렘 정도만 해도 100리라가 넘었다. 꼭 유적지에서 박물관 카드를 사서 경비를 절약하기를……

또 하나의 카드는 이스탄불에서만 쓰이는 교통카드다. 우리나라의 교통카드라고 생각하면 된다. 카드에 돈을 먼저 넣고 지하철이나 트램 등을 타면 현금 가격의 반값이다. 이스탄불에서는 지하철이나 트램을 많이 이용하게 되니 꼭 구입하기를…… 카드 값이 10리라였는데 반환하면 카드값을 돌려준다. 하지만 반환하면 반값만 돌려주니 기념으로 가져오는 것도 좋다.

이 두 개의 카드만 잘 이용해도 여행의 경비가 상당히 절약되니 튀르키예에 가시는 분은 꼭 기억해 두시기를 바란다.

이스탄불에서의 일정은 이 정도로 마치고 발칸을 돌아다니기 위해서 소피아로 떠난다.

튀르키예의 카드

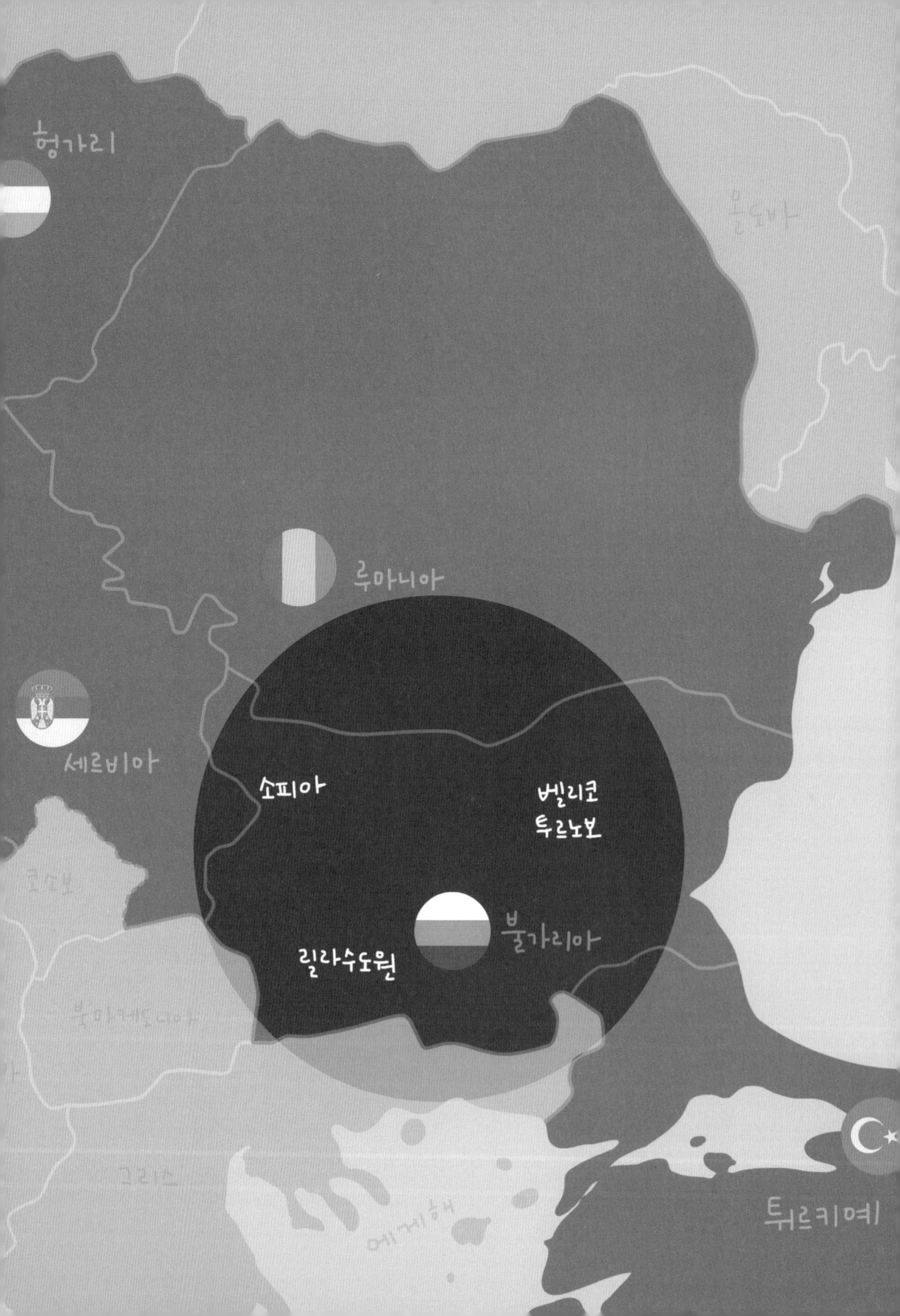

헝가리

몰도바

루마니아

세르비아

소피아

벨리코
투르노보

코소보

불가리아

릴라수도원

북마케도니아

그리스

에게해

튀르키예

불가리아 Bulgaria

소피아 1　지혜 소피아 의 도시

　여정을 짜면서 튀르키예의 이스탄불에서 시작하여 발칸의 여러 나라를 돌고 다시 이스탄불로 돌아와서 귀국하는 방법을 택했다. 그러다 보니 이스탄불에서 출발하여 먼저 소피아로 가게 되었고, 발칸의 여러 나라를 돌아보고 이스탄불에 돌아오는 길에 다시 소피아에서 기차를 타게 되었다. 그래서 불가리아는 한 번에 여행한 것이 아니고 두 차례에 걸친 여행이라 시간적 차이가 있지만 불가리아 여행 이야기는 하나로 묶었다.

　이스탄불에서 밤 기차로 소피아로 가기로 예정하고 시르케지역에 가서 국제선 표를 사니 밤 9시까지 역으로 오라고 하여, 시간을 맞추어 가니 버스에 태워 다른 역으로 데리고 간다. 시르케지에서 표를 팔지만 기차 출발은 이스탄불 교외의 다른 역에서 하고 있었다.

소피아의 상징, 성 소피아 상

　소피아행 국제기차에는 승객이 그렇게 많아 보이지 않는데, 우리나라의 보따리 장사꾼 같은 사람들이 제법 눈에 보였다. 아마 이 주변에서는 이스탄불이 가장 큰 도시라 이스탄불에서 상품을 사서 장사를 하는 것 같았다. 기차는 침대칸으로 예전의 오리엔트특급 정도는 아니고 흉내를 내는 정도인 것 같다. 밤 10시 40분에 출발하여 밤 내내 달려 다음날 오전 10시에 소피아역에 도착했다. 튀르키예 국경을 지날 때 불가리아 입국심사를 하기 위해 기차에서 내려 약 30분 정도를 지체하는 것을 제외하고는 아

무런 지장이 없이 기차는 달리고 나
는 잠을 청했다.

재래시장의 외양

기차에서 내리는 소피아역 주변
에 국내외를 운행하는 중앙 버스 터
미널이 있어 다음 목적지인 베오그
라드로 가는 버스를 먼저 알아보고
숙소로 정해 놓은 곳으로 갔다. 숙소로 가는 길에 소피아 재래시장이 있어 과일 등을
사고 숙소로 가니 예약과는 다르게 되어 있다. 그리고 무언가 기분이 좋지 않아 예약
한 숙소를 포기하고 소피아의 라이온다리 옆에 있는 라이온호텔에 숙소를 정했다.

소피아 재래시장은 라이온호텔 맞은편에서 조금 가면 있는데 규모가 엄청나게 크
고, 채소와 과일을 주로 파는 시장인데 때로는 소피아 주변의 마을에서 수제로 만든
요구르트나 유제품 등을 팔기도 하고 고기집도 있어 소피아에 머문 며칠간 요긴하
게 이용했다.

소피아는 불가리아의 수도로 소피아 분지의 해발 고도 550m 지점에 있다. 원래
세르디카 Serdica 또는 사르디카 Sardica 라고 불렀는데, 그리스어로 '지혜'를 뜻하는 소
피아라는 명칭은 6세기에 로마의 황제 유스티니아누스가 성 소피아 성당을 건설하
면서 이 성당의 이름에서 붙여진 것이다. 유럽에서 가장 오래된 도시의 하나로 고대
에는 트라키아인의 식민지였으며, 29년 로마에 점령된 후 군사 근거지가 되어 교통
의 요지로 발전하였다. 14세기 말부터는 오스만 튀르크의 지배를 받아 발칸반도에서
가장 중요한 전략 지점이 되었다가 1877년 러시아에 점령되었고, 이듬해 불가리아
인에게 넘어가 1879년 수도가 되었다. 이스탄불, 베오그라드 등과 철도와 도로로 연
결되는 국제적인 교통의 중심지이며, 농산물의 집산지이며 여러 공업이 발달하였다.
오래된 도시로 여러 유적이 있고, 도나우강 명칭은 여러 가지로 영어로는 다뉴브, 헝가리어로는 두나
로 부른다. 으로 흘러드는 이스쿠르강의 두 지류가 시내를 흐르며, 배후에 산을 등지고
있어 경치가 아름답고, 푸른 숲이 우거진 공원이 많아 '녹색의 도시'로 알려져 있다.

유명한 건축물로는 6세기에 건축된 성 聖 소피아 성당, 알렉산드르넵스키 대성당, 회교사원 등이 있고, 로마와 비잔틴, 오스만 튀르크 등의 지배 시대에 건축된 유적들이 있고, 부근의 온천도 널리 알려져 있다.

다음날 버스 터미널에서 베오그라드행 버스를 예약하고 소피아 관광에 나섰다. 소피아는 비교적 작은 도시라 걸어 다니며 구경하기로 마음을 먹고 숙소에서 시내로 길을 따라 걸어가니 눈에 아름답고 멋진 건물이 들어왔다. 무슨 궁전과 같은 모양이지만 소피아 공중목욕탕이다.

줄무늬의 모습이 우아하게 보이는 이 건물은 1986년까지 소피아의 공중목욕탕으로 사용되었다 한다. 1908년에 완공되어 1913년부터 사용된 이 건물은 2차 세계대전 때 일부가 손상되었으나 복원하였고, 1986년까지 목욕탕으로 사용되었다가 지금은 도시박물관으로 이용되고 있다. 지금도 건물 안에서 바깥으로 온천수가 흘러나오고 시민들은 이 물을 생수로 이용한다고 말한다.

목욕탕 옆의 바냐바시모스크 Banya Bashi Mosque 는 1576년 오스만 튀르크 지배 당시에 지어진 유럽에서 가장 오래된 이슬람 사원 중의 하나이다. 소피아에는 과거 70개에 달하는 모스크가 있었으나, 현재는 바냐바시만 이슬람 사원의 명맥을 유지

목욕탕 외부에 온천수가 나오는 수도시설

공중목욕탕 전경

바냐바시 모스크(Banya Bashi Mosque)

고대 도시 세르디카 유적

하고 있다고 한다. 바냐바시라는 이름은 모스크 옆의 공중목욕탕에서 유래되었고, 오스만 튀르크 제국의 최고 건축가인 미마르 시난 Mimar Sinan 이 설계하였다. 이 모스크는 붉은 외벽, 15m의 거대한 돔과 첨탑으로 유명하다. 하지만 아쉽게도 철저하게 내부를 비공개로 하고 있다.

소피아의 중심부에 있는 세르디카의 유적지는 공산당 본부 앞 광장의 메트로 공사 때 발견된 고대 도시의 유적으로 지금도 계속 발굴중으로 세르디카 Serdica 는 소피아의 옛 지명이었다. 3세기경 로마인들에 의해 세르디카 지역에 강력한 성벽들이 건립되었으며, 지금 이곳에서 발굴된 유적은 세르디카의 시내를 구성하던 동문에 해당하는 성벽과 2개의 5각형 탑이다. 이곳은 지하도를 건너가면서 구경할 수 있으며, 지하도에는 당시의 모습을 보여주는 성곽의 모형과 발굴의 기록사진들이 전시돼 있다. 지금 발굴이 진행 중인 세르디카 고대 도시의 많은 유적이 현대 건물들 아래에 남아 있다.

시내 중앙 광장에 자리한 성 소피아 동상은 공산주의 시절에 레닌 동상이 있던 곳에 대신 세워진 것이다. 24m 높이로 한 손에는 월계관을 들고 있고, 한 손에는 지혜의 상징인 부엉이가 앉아 있는 소피아의 수호성인이다.

성 페트카 지하교회 St. Petka Samardjiiska Church 는 세르디카 유적 끝부분에 있으며, 독립 광장에서 바라보면 지붕만 나와 있는 불가리아 정교회로 페트카 성인에게 바쳤다는 지하교회다. 오스만 튀르크 지배 당시인 14세기에 건축되었으며 오스만 튀르크 지배 당시 튀르크인들의 눈을 속이기 위해 지하에 지었다고 한다.

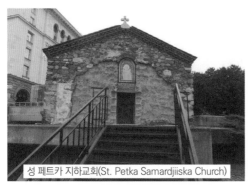

성 페트카 지하교회(St. Petka Samardjiiska Church)

성 페트카 지하교회(St. Petka Samardjiiska Church)

네델리야 교회 외부 모습

네델리야 교회의 내부

외부는 타일이 벗겨지고 깨어져 볼품이 없으나, 내부의 15, 17, 19세기 프레스코는 예수의 출생, 기적, 고통, 십자가에 못 박힘, 죽음과 부활 등의 다양한 삶의 면모를 매우 아름답게 꾸며져 있다고 하나 출입을 금지해 놓았다. 미술역사가들은 이를 중세회화의 매우 귀중한 삽화이며, 오스만 튀르크 시대의 불가리아 미술이 발전했다는 증거라고 말한다. 또 교회에는 19세기 불가리아 혁명가이자 국민적인 영웅인 바실 렙스키가 묻혀 있다고도 한다.

세르디카에서 조금 떨어진 곳에 성 네델리야 교회 Sveta Nedelya Cathedral 가 있다. 우아한 네오비잔틴 양식의 옥색 돔이 눈길을 끄는 불가리아 정교회의 교회로 소피아 쉐라톤 호텔 앞에 있다. 10세기 무렵에 처음 지어졌다고 하나 수차례 소실되고 파괴되어 재건되었다가 지금의 교회는 1856년에 건립을 시작하여 1863년에 완공되었다. 네오비잔틴 건축의 대표적인 양식인 돔은 1898년에 증설된 것으로 내부는 화려한 벽화로 꾸며진 인테리어가 특징적이다. 1925년 차르 보리스 Boris 3세가 참석한 장례행사에서 공산주의자들의 폭파로 거의 파괴되었다가 1927년부터 1933년까지 재건되었다. 폭파사건에 대한 상세한 설명은 교회 남쪽 입구 가까이에 있는 조그만 명판에 기록되어 있다. 내부에는 1971년부터 1973년 사이에 Nicolay Rostovtsev가 제작된 벽화를 볼 수 있다.

성 게오르기 교회 St. George Rotunda 는 세르디카 유적의 하나로 쉐라톤호텔과 대통령궁이 둘러싸고 있는 소피아에서 오래된 건축물 중 하나다. 4세기에 로마인에 의해 지어져 로마 시대에는 교회로 사용되다가 튀르키예 지배에서는 이슬람 사원으로 사용되었으며, 현재는 박물관으로 사용되고 있다.

콘스탄티누스 1세는 이곳 소피아에 매료되어 그의 로마로 칭하고 도시를 방문할 때마다 장대한 의식을 행하였으며, 이를 위해 훌륭한 건축물들을 건립하였다고 하는데, 그 시대를 대표하는 다양한 건축물 중 유일하게 남아 있는 것이 바로 성 게오르기 교회다. 이 교회는 정교한 건축물과 4세기, 10세기, 12세기, 14세기에 걸쳐 여러 번 채색된 프레스코화로 유명하다는데, 사진 촬영을 전부 금지하고 있었다.

대통령궁이 시내 한복판에 있다. 거리를 오가는 사람들과 관광객들이 자유롭게 그 앞을 지나다니며 구경한다. 대통령궁 주변에는 많은 관광지가 있어 아무도 통제하지 않고 자유롭게 거닐 수 있게 하는 정책이 외국 관광객에게 호감을 주고 있다. 또 시간

현대식 건물과 묘한 앙상블을 보이는 성 게오르기 교회

성 게오르기 교회 벽면 성모상

대통령궁

대통령궁의 근위병 교대식

을 잘 맞추는 행운이 있으면 근위병 교대식도 볼 수 있는데 내가 그 근방에 있을 때 근위병 교대식을 하고 있었다.

소피아 시내는 그렇게 크지 않고 볼만한 유적이 거의 한 곳 주변에 모여 있으므로 여러 곳을 구경하려면 시간이 좀 걸리지만 거리상으로는 멀지 않아 편하다. 그리고 우리가 생각하는 이상으로 알차게 관광을 할 수 있는 곳이 소피아다. 또 소피아는 특이하게 자유로운 투어를 실시하고 있었다. 누구든지 신청만 하면 무료로 가이드가 인솔하여 다니면서 안내한다. 물론 시간이 정해져 있고 단체로 움직인다. 하지만 제법 알찬 것 같았다.

가이드의 수고비는 안내가 끝났을 때 알아서 팁을 주면 된다고 한다. 한번 참여해 보아도 좋을 듯했다.

물론 나는 내 마음대로 움직였지만......

시내 공원의 모습

소피아 2 아름다운 건물이 즐비한 소피아

소피아는 다른 도시와 달리 시내 중심부를 동선만 잘 짜서 구경하면 소피아의 대부분은 다 본다고 해도 과언이 아니다.

과거와 현재가 함께 섞이어 발전하고 있는 시내 중심지에서, 메트로를 파다가 발견된 고대 도시 세르디카 유적지를 보존하기 위해 메트로를 살짝 옆으로 튼 것은 구 공산주의 국가에서 유적 보호를 올바르게 한 대표적인 모습이다. 또 세르디카 유적지를 일반에게 공개하고 관광지로 개발한 것은 참 좋은 예이다.

계속해서 소피아 시내를 걸어 다니며 구경하면서, 배고픈 느낌이 들면 주변의 음식점에서 식사하고, 좀 피곤하면 거리의 공원에서 잠깐 쉬면서 나의 특기를 살려 계속 걸었다.

계속 돌아다니다 마주친 곳이 국립 자연사 박물관과 인접해 있는 성 니콜라이 교회다.

니콜라이 교회는 규모는 작지만, 매우 아름답고 화려한 교회이다. 원래 이곳에는 사라이 모스크가 있었는데 1882년에 기존의 사원을 파괴하고 러시아정교회가 들어선 것으로 어디에서나 종교의 횡포가 대단하다는 생각이 들었다. 러시아의 마지막 황제였던 니콜라이 2세의 이름을 붙여서 지금의 이름이 되었는데, 건물의 공사는 1907년에 시작하여 1914년에 완공했다고 한다. 규모는 작지만, 화려한 타일 장식과 5개

니콜라이 교회 전경

니콜라이 교회의 내부

벼룩시장

의 황금 돔으로 빛나는 이 러시아정교회는 소피아의 아름다움을 더 빛내어 준다.

니콜라이 교회 옆의 작은 공원에는 벼룩시장이 항상 열리고 있다. 여러 가지 그림과 제법 오래된 물건들, 액세서리, 동전, 구형 카메라 등등 별 필요는 없는 수많은 물건을 팔고 있다. 어떤 때는 제법 사고 싶은 물건이 보이기도 했는데 내 여행의 원칙이 되도록 여행지에서 물건은 사지 않는 것이기에 아쉽지만 눈으로 구경하면서 거닐었다. 기념이 될 작은 물품을 사기에는 좋은 곳이지만 흥정을 잘해야 한다.

아름다운 니콜라이 교회를 뒤로하고 시민공원 옆에 있는 이반 바조프 국립극장으로 갔다. 시간이 맞으면 공연을 하나 볼 생각으로 가니 내가 소피아에 머무는 시간에 하는 마땅한 공연이 없다. 이번에 여행하면서 어느 도시든지 시간만 되면 꼭 공연을 하나씩 보려고 생각했는데 첫 번째 시도에서 성공하지 못했지만, 아직 여행할 수많은 도시가 남아 있으니 실망할 필요는 없다.

불가리아에서 가장 오래되고 권위 있는 국립극장은 소피아의 랜드마크 중의 하나로 1904년에 설립되었으며, 불가리아의 시인이자 소설가인 이반 바조프의 이름을 따서 명명되었다. 화재와 전쟁으로 여러 번 재건된 건물로 극장 정면의 6개의 대리석 기둥이 받치고 있는 삼각형의 박공에 태양의 신 아폴론과 음악의 신 뮤즈가 조각된 아름다운 건물이다.

여담으로 이야기하면 아무리 찾아도 이 극장을 카메라로 찍은 사진이 없었다. 그래서 극장 전경을 소개할 수 없어 아쉬워하다가 문득 휴대전화로 찍은 사진 목록을 검색해 보니 이 사진이 있어 너무 반가웠다. 이 아름다운 극장의 전경을 내가 찍지 않

아름다운 소피아 국립극장 건물

앉을 리가 없는데, 건축 양식에 대해서는 잘 모르지만 익숙한 신고전주의 양식이다.

　내가 간 때가 3월 말 무렵이었는데 멀리 보이는 산 위에는 흰 눈이 덮여 있어 내 고향 부산에서도 잘 보지 못하는 눈을 여행하면서 본다.

　다음으로 간 곳이 소피아에서 가장 유명한 알렉산드르 넵스키 성당이다. 이 성당은 소피아 중심에서 동쪽 끝에 위치하며, 러시아-튀르크 전쟁 1877-1878 에서 불가리아 독립을 위해 싸우다 죽은 20만 명의 러시아 군인들을 추모하기 위해 1882년 착공되어 1912년에 완공되었다. 알렉산드르 넵스키 성당 Cathedral Saint Alexandar Nevski 은 5,000명을 수용할 수 있는 발칸반도 최대의 사원이자 가장 아름다운 사원이라고 한다. 성당의 명칭은 러시아 황제 Saint Alexander Nevsky에서 유래하였는데, 넵스키는 1240년경 벌어진 네바강변 전투에서 뛰어난 통찰력과 용기로 흉포한 스칸디나비아 유목민들로부터 나라를 지킨 황제다.

　건물을 짓는 데 사용된 자재들은 전 세계에서 구해온 것들로, 아프리카의 설화석고, 이탈리아의 대리석, 브라질의 오닉스 등이 포함되었다고 한다. 성당에서 가장 두드러진 45m 높이의 황금빛 돔이 태양 빛을 받아 빛나고, 그 옆에 자리한 종탑은 총 12개의 종을 가지고 있는데 그 무게만 23톤에 달한다고 한다. 화려한 외관을 지닌 성당 내부의 지하 묘지에는 많은 성화 컬렉션이 있는데, 천 년이나 되는 세월에 걸쳐 수

알렉산드르 넵스키 성당 전경

성인의 프레스코

소피아 교회와의 사이에 있는 무명용사의 기념비

소피아 교회

집된 성화들로서 가장 오래된 작품은 9세기까지 거슬러 올라간다.

이 성당에는 세 개의 제단이 있다. 성 알렉산드르 넵스키와 키릴문자를 만든 성 메토디우스와 성 키릴루스에게, 9세기에 불가리아에 기독교를 들여온 인물인 성 보리스에게 봉헌된 제단이다.

그런데 문제는 내부의 사진 촬영을 금지해 놓았다는 점이다.

소피아 교회는 6세기 유스티아누스 황제의 통치 기간에 세워진 교회이다. 이름에서 알 수 있듯이 소피아라는 도시의 명칭과 밀접하게 연관이 있다. 전쟁과 자연재해로 건물이 거의 다 파괴되었다가 20세기에 복원과 발굴이 진행되어 4세기경에 이곳이 무덤이었음이 밝혀졌다. 아주 철저하게 내부 촬영을 금지하여 내부 사진이 없는 것이 아쉽다.

이제 소피아에서 이번 일정의 마지막 볼거리로 시내 중심지에서 대통령궁을 마주보고 있는 국립 고고학 연구 박물관으로 간다. 몇 번이나 지나쳤던 박물관은 원래는 1474년에 지어진 것으로 9개의 돔이 있는 부육 모스크 Buyuk Mosque 로 사용된 품격 있는 사원이었다가, 1905년에 박물관으로 개관되었다. 많은 유물을 전시하기 위해 몇 번에 걸쳐 증축되었는데, 2층으로 이루어진 박물관은 석기 시대와 청

국립 고고학 연구 박물관 전경

동기 시대의 도구와 무기, 고대 모자이크, 종교적 성상, 도기 및 도자기가 많이 있다. 이 박물관에 있는 4개의 상설 전시실에서는 선사 시대에서 출발하여 구석기 시대를 거쳐 청동기 시대 중기에 이르는 공예품들을 구경할 수 있다. 또 이곳에서 고대 트라키아인의 본거지였음을 보여주는 기원전 50,000년 무렵으로 거슬러 올라가는 암각화 표본과 고대 트라키아의 석기를 구경할 수 있다. 중앙 전시실에서는 청동기 시대 후기에서 중세 시대 후기에 이르는 공예품을 볼 수 있다. 중요한 유물로는 그리스 및 로마 조각품과 원래 모자이크 바닥을 포함한 성 소피아 교회 St. Sofia Church 의 출토품 등이 있다. 귀중품 보관실 구역에서는 금은 장식품과 보석 등 불가리아에서 가장 유명한 고고학적 유물을 찾아볼 수 있는데 금의 무게가 총 12.5kg에 달한다고 한다. 박물관의 2층은 중세 시대 전시실로, 중세의 갑옷, 가면, 그림, 도자기, 도구 등이 전시되어 있다.

여기서 이 글의 여행 순서가 조금 시간적 순서와 다르게 이야기된다. 시간상으로는 소피아에서 세르비아로 가서 발칸의 여러 나라를 돌아다니다가 이스탄불로 돌아오는 길에 다시 불가리아의 여러 곳을 여행하였는데, 불가리아 이야기는 하나로 이어서 한다.

박물관 전시 유물

십자가에 못 박힌 예수 그리스도

금세공품

벨리코 투르노보 불가리아의 가장 오래된 마을

발칸반도의 여러 나라를 돌고 이스탄불로 돌아오는 도중에 벨리코 투르노보로 가기로 하였다. 루마니아의 부쿠레슈티에서 불가리아의 벨리코 투르노보로 이동하는데 하루의 시간을 다 보내야 하는 일정이다. 내가 사는 고장도 아니고 생소한 곳에서 교통편을 찾아보니 기차가 다니고 있다. 그러나 기차가 자주 있는 것이 아니고 간혹 있어 시간을 맞추니 12시경에 국경을 넘어가는 기차가 있다. 처음에는 벨리코 투르노보까지 기차를 타고 가려고 계획을 했으나 이 지역의 기차는 우리나라와 달리 상당히 완행이다. 그래서 모험을 해 보기로 마음먹고 국경을 넘어 루세까지만 기차를 타고 루세에서는 버스를 타기로 생각하고 과감하게 루세까지만 표를 끊었다. 루세에서는 어떤 교통수단이 있는지도 모르고, 사람 사는 동네이니 교통편은 있으리라 생각했는데, 결과적으로 이 판단이 맞았다. 루세역에서 버스 정류장은 멀지 않았고 루세에서 벨리코 투르노보로 가는 버스는 상당히 자주 있었다. 그래서 상당히 시간도 절약하고 편안하게 벨리코 투르노보에 도착했다. 오후 6시경에 숙소를 찾아가 짐을 풀고 저녁도 먹을 겸 벨리코 투르노보 시내를 구경하기 위해서 시가지로 향했다.

벨리코 투르노보 Veliko Tarnovo 는 인구가 십만도 안 되는 작은 도시로 과거에는 투르노보라고 불렀지만 1965년 도시의 역사적 가치를 기념하기 위해 '큰, 위대한'이라는 뜻을 가진 형용사인 '벨리코 Велико'를 붙여 지금의 이름이 되었다. 불가리아 북부 로베치 주 남동부의 얀트라강 상류 연안에 위치하며 소피아에서 동쪽으로 240km 떨어져 있다.

벨리코 투르노보는 2차 불가리아 왕국의 수도였던 곳이고 아센 2세 1218~1241 시대에는 슬라브 문화의 중심지가 되어 '불가리아의 아테네'라고 불렸기 때문에 볼 곳이 많

기차에서 보는 루마니아 평원의 유채꽃

은 곳이나, 1393년 오스만 제국의 침략으로 왕국은 멸망하였고, 마을과 교회 수도원 대부분이 화재로 인해 사라졌다. 1394~1877년 튀르키예의 지배 아래 있었으나 5세기에 걸쳐 문화와 교육의 중심지로 번창하였다. 1867년에는 오스만에 저항하는 중심지가 되었고, 1877년 러시아가 투르노보를 해방하여 480년 동안에 걸친 오스만 제국의 지배도 막을 내리게 된다.

1878년 베를린 조약에 따라 승인된 불가리아 공국은 투르노보를 수도로 삼았고, 1879년 4월 17일 최초의 불가리아 의회가 이곳에서 소집되어 불가리아 최초의 헌법을 제정했다. 이 헌법에는 수도를 소피아로 이전하는 내용을 담고 있어 소피아가 지금 불가리아의 수도로 되었다. 1908년 10월 5일 페르디난드 1세가 이곳에서 불가리아의 완전 독립을 선언했고, 불가리아 왕국 군주의 장남이자 왕위계승자의 칭호가 투르노보 공이었다. 2차 세계대전 때에는 반反 파시즘 운동의 최대 거점이었다.

벨리코 투르노보는 신시가지와 구시가지, 3개의 언덕 등 세 부분으로 이루어진 도시이다. 주요 관광 명소는 구시가지와 언덕 주변에 집중되어 있으나 도시의 기능은 주로 신시가지에서 이루어진다. 시내 중심은 9월 9일 광장으로 광장 한가운데에는 '불가리아 어머니 동상'이 세워져 있다. 신시가지와 언덕 사이에 위치하며 디미트로프 거리가 블라고에프 거리로 이름이 바뀌는 지점에서부터 구시가지가 시작된다. 구시가지에서는 전통적인 양식의 가옥들과 벨리코 투르노보 특유의 전통 공예방을 곳곳에서 볼 수 있다.

숙소 앞이 공원이라 그 공원을 가로질러 가면 벨리코 투르노보의 구시가지로 갈 수 있었다. 그래서 한가로이 공원을 지나가며 오늘 저녁에는 그냥 배회하면서 시가를 둘러보고 저녁을 먹기로 했다.

거리를 배회하며 구경하다가 저녁을 먹으려고 들어간 레스토랑의 경치가 그만이었다. 비록 창문을 통해서 보는 경치지만 벨리코 투르노보의 진면목을 다 보는 것 같았다. 얀트라강이 휘어져 흐르는 마을은 우리나라의 물돌이 마을과 같은 풍경이 펼

공원에 있는 1차 세계대전 전몰 용사 기념탑

아센기념비와 미술관

쳐지고, 그 물돌이의 땅에 서 있는 미술관과 아센기념비가 보이는 곳이었다. 조용히 앉아서 말없이 흐르는 강을 바라보며 아름다운 경치에 즐기며 저녁을 만끽했다. 여기에서 한 가지 흠이라면 아마도 대학생인 것 같은 젊은이 몇 명이 모여서 주변은 생각하지 않고 너무 떠들며 이야기를 하는 것이 좀 귀에 거슬렸다. 어디에서나 젊은이들의 치기는 있게 마련이지만 좀 자제했으면 하는 느낌이 들었으나 그냥 무시하고 경치만 즐겼다. 경치를 즐기다 보니 어느새 어둠이 몰려와서 늦은 시간이 되어 숙소로 돌아왔다.

다음날 벨리코 투르노보의 차레베츠 요새로 가기 위해서 아기자기한 시내를 걸어가니, 아직 시간이 일러서인지 가게는 문을 열지 않고 있었다. 유럽을 여행하면서 공통으로 느낀 것은 이 사람들은 아침을 우리처럼 일찍 시작하지 않는다는 것이다. 느지막하게 문을 열고 대신 밤에는 제법 늦게까지 영업하거나 놀이를 즐기고 있다.

문도 열지 않은 가게 거리를 지나 제법 긴 길을 걸어서 요새에 도착했다.

중세 불가리아의 도시는 언덕에 지어진 요새와 산기슭에 펼쳐진 주거 지역 및 상점들로 구성되었다. 요새는 천험의 땅에 건설되었고, 그러한 도시의 요새와 거주지의

전통적인 옛 건물

차레베츠 요새(Tsarevets Fortress) 입구

구조는 수도 투르노보를 기반으로 하였다. 핵심적인 요새인 투르노보는 마을 전체가 성벽으로 둘러싸여 있었고, 언덕에는 요새와 요새화한 수도원이 세워졌다. 가장 높은 곳에 차레베츠 요새가 구축되었고 내부에는 궁전, 수좌주교구 교회, 귀족들과 그들의 하인들의 거주 구역들이 세워져 있었다. 도시 거주민은 다양하였으며, 하층민들은 요새 밖 얀트라강 강둑에 거주하였다. 벨리코 투르노보에 있는 차베레츠 언덕은 트라키아인과 로마인들의 정착지로, 비잔틴 시대인 5세기와 7세기 사이에 이 언덕 위에 처음 요새가 건립되었다. 요새는 8세기와 10세기에 불가리아와 슬라브인들에 의해 재건축되었으며, 12세기 초 비잔틴 제국에 의해 다시 요새화되었다. 불가리아 2왕정 때 최고의 부흥기를 맞이하였으나, 1393년 오스만 튀르크에 의해 점령되어 파괴되어 폐허가 되었다. 지금의 모습은 불가리아 건국 1,300주년을 맞이하여 1930년부터 1981년까지 복원한 모습이다.

현재는 400개 이상의 주택, 18개의 교회, 여러 개의 수도원, 상점, 성문과 타워 등이 고고학자들에 의해 발견되었으며, 요새의 벽을 따라가다 보면 이러한 유적들을 볼 수 있다.

이 요새는 밤이 되면 불가리아의 주요 역사를 빛과 소리로 표현하는 레이저 쇼가 펼쳐진다고 하는데 보지를 못했다.

요새의 여러 모습

　　많은 사람이 이 요새를 보기 위해 북적거렸다. 또 우리나라와 같은 체험학습인지 봄 소풍인지 모르겠으나 초, 중학생 정도로 보이는 많은 학생이 교사의 인솔을 받으며 이 요새로 가고 있었다. 요새를 돌아보는 도중에도 이 학생들과 자주 만나게 되었는데 교사들이 이 요새에 관해서 설명하고 있었다.

　　이 요새는 천험의 요새라 입구에서 방어만 잘하면 요새로 들어갈 수가 없다. 입구를 제외하고는 절벽과 강으로 둘러싸여 있는 곳으로, 2차 불가리아 제국 시절에는 도개교로 만들어 요새 안으로 진입을 방어하였다.

　　요새의 맨 위에 있는 성모승천대주교성당은 11~12세기에 지어졌는데 역시 1393년에 소실되었다가 지금은 완전히 복원되어 요새 안에서 가장 완전한 건물로 남아 있다.

　　요새를 한 바퀴 돌아보고 나서 요새에서 보이는 요새 밖의 마을로 갔다. 강을 사이에 두고 요새와 거리를 두고 있는 요새 밖 마을은 외적의 침입에서 일차적인 방어용

망루에서 보는 요새 밖의 트라페지차 마을 풍경

요새의 맨 위에 있는 성모승천대주교성당

기지의 역할을 하는 곳으로 강을 건너오는 적을 막기 위해서 일반 평민들이 살고 있는 곳으로, 강 주변에는 옛날의 방어용 진지 같은 것이 많이 보였다.

요새와 요새 밖 마을을 구경하고 아침에 왔던 길을 다시 걸어가면서 보니 아침에는 문을 열지 않았던 공방들이 모두 문을 열고 기념품을 팔고 있다. 공방에서 직접 장인들이 여러 수제공예품을 만들고 있는 이 거리가 사모보드스카 차르시아라는 거리다.

사모보드스카 차르시아는 전통 가옥이 즐비하게 늘어선 라코브스키거리 Rakovski St. 에서 게오르기 키르코브광장 pl. Georgi Kirkov 까지 이어지는 공예방 거리로 차르시아는 불가리아어로 시장을 의미한다. 라코브스키거리 양쪽 옆으로 상점이 다닥다닥 붙어 있는데, 한적하게 산책하며 둘러보기 좋으며 입구에는 거리의 지도가 붙어 있다. 장인이 직접 운영하는 작은 공방이 대부분으로, 보석 아티스트, 유리작가, 금속공예가, 도예가, 화가 등 다양한 분야의 장인들이 직접 작품 활동하며 상점을 운영하고 있기에 작업 과정을 볼 수 있다. 품질은 보장할 수 있다지만 가격은 절대 만만하지 않다.

얀트라강이 U자 모양으로 휘감고 지나가는 곳에 물돌이 섬처럼 남겨진 땅에 1985년에 아센기념비가 세워졌다. 2차 불가리아 제국은 이반 아센 2세를 거치면서 최전

성기를 누리며 번창했는데 이를 기념하여 800주년이 되는 해에 기념비를 세웠다. 중앙의 칼은 2차 불가리아 제국의 힘과 번영을 상징한다고 한다.

기념비 뒤에 있는 미술관은 벨리코 투르노보에서 가장 상징적이고 아름다운 건물로 꼽힌다. 1934년에 개관하였으며 불가리아 예술가들의 작품을 전시하고 있다.

장인이 직접 작업하고 있는 모습

벨리코 투르노보를 하루 종일 걸어 다니며 구경하고 나니 이제 좀 피곤하였다. 벌써 여행을 시작한 지 한 달이 넘었고 앞으로도 열흘 이상을 더 다녀야 하는데 이제 제법 피로가 쌓인 것 같다. 이럴 때는 휴식이 최고다. 일찍 저녁을 먹고 숙소에서 가볍게 맥주를 한 잔하고 잠자리로 향한다. 내일은 다시 소피아로 갈 예정이다.

사모보드스카 차르시아 거리

아센기념비

소피아 3　국립미술관

벨리코 투르노보를 떠나 소피아로 돌아왔다. 소피아는 이스탄불을 떠나 발칸을 여행하기 시작하며 맨 처음에 들른 곳이다. 그때 소피아의 대부분은 보았다고 생각하지만, 이번 여정이 발칸을 한 바퀴 돌고 다시 이스탄불로 복귀하는 여정이라 다시 소피아로 돌아왔다. 그리고 여행도 이제는 막바지에 가까워지고 있기에 소피아에서 저번에 가 보지 못한 곳을 가 보고 시간의 여유도 가지고 좀 휴식도 취하려는 의도로 숙소를 저번에 소피아에 머물던 곳에 다시 정했다. 그 숙소가 교통편을 이용하기도 편리하고 시내도 가깝고 시장도 가까워서 편리했기 때문이다.

오늘은 휴식을 취하면서 소피아 시내를 그냥 돌아다녀 보기로 하고 먼저 간 곳이 국립미술관이다. 저번에 소피아에 머무르고 있을 때 시간이 맞지 않아 미술관을 관람하지 못하고 그냥 지나쳐서 돌아오는 길에 보기로 마음을 먹은 곳이다.

불가리아에서 가장 중요한 회화 작품들을 전시하고 있는 국립미술관은 1880년에서 1882년에 왕궁으로 지어진 건물이었는데 1934년부터 미술관으로 사용하고 있

국립미술관 전경

다. 왕궁을 미술관으로 사용하기 때문에 불가리아 거장들의 작품을 볼 수 있을 뿐만 아니라 화려한 내부도 같이 볼 수 있다는 점이 관광객들에게는 매력적이다.

많은 사람이 이 미술관에 대해서 소장품이 별로 없다고 말을 한다. 물론 서구의 큰 미술관에 비하면 아주 작은 규모인지는 모르지만, 불가리아 독립 이후부터 20세기의 불가리아 작품 약 30,000점이 보관된 작지 않은 미술관으로 불가리아의 미술을 한 눈에 볼 수 있다는 장점도 있다.

국립미술관 관람을 마치고 점심을 먹기 위해서 주변을 살펴보니 제법 고급스러운 레스토랑이 보인다. 오늘 하루를 편안하게 지내리라 마음속으로 생각했기에 머뭇거리지 않고 들어가니 메뉴에서부터 이 레스토랑에서 차를 마시거나 식사하는 손님까지 제법 고급 레스토랑과 같이 느껴졌다. 나같이 배낭여행을 하는 지나가는 나그네의 수준을 벗어나는 곳이라 생각되었지만, 그냥 맛있게 점심을 먹고 휴식을 취했다. 오

많은 작품 가운데 내가 흥미를 느낀 작품들

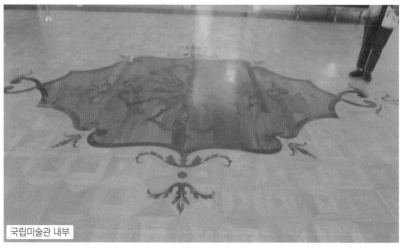

국립미술관 내부

점심을 먹은 레스토랑

랜 여행에서 이런 호사도 누려야 몸과 마음이 편안하겠다고 생각하였다.

점심을 먹고 레스토랑에서 휴식을 취하고 난 뒤 내일 갈 릴라 수도원의 위치와 교통편을 확인하기 위해서 버스 터미널로 가서 교통편의 시간을 확인했다. 트램을 타고 기사에게 물어가면서 버스를 확인하니 릴라 수도원으로 가는 버스가 하루에 몇 편 되지 않는다. 확인하지 않았더라면 일정에 차질이 생길 수도 있었다.

버스 시간을 확인하고 다시 시내로 돌아와서 한가로이 시내를 배회하면서 저번에 보았던 유적을 다시 구경하고 소피아의 백화점으로 가서 기념품을 구경하였다. 이제 여행이 끝나 가기에 여유를 가지고 시간을 보냈다.

릴라 수도원 구원의 장소 릴라 수도원

소피아를 떠나 릴라 수도원으로 향했다. 소피아에서 릴라 수도원을 가는 버스는 오전에 잠시 있고 오후 늦게 한편이 있는 아주 이상한 시간표였다. 아마 늦게 출발하면 돌아오는 시간대가 맞지 않아서 그렇게 배차를 한 것인지 모르겠다.

릴라 수도원 Rila Monastery 은 불가리아 남서부 릴라산맥에 있는 동방정교회 수도원이다. 소피아에서 남서쪽으로 117km 정도 떨어져 버스로 약 세 시간이 걸리는 수도원 안에는 교회, 주거 구역, 박물관이 들어서 있다. 외부에서 보면 마치 요새 같은 모습을 한 이 수도원은 927년 치유 능력을 지녔다고 해서 유명했던 이반 릴스키 릴라의 이반 에 의해 설립되었다. 이 수도원은 오랜 세월에 걸친 여러 가지 사건을 겪으며 외국 세력의 지배와 간섭을 견뎌 왔다. 중세의 통치자들은 무척이나 이반 릴스키의 유골을 손에 넣고 싶어 했으나, 유골은 1183년 에스테르곰으로 갔다가 비잔틴 제국과 불가리아를 거쳐 결국 1469년 릴라 수도원으로 돌아오게 되었다. 수도원 건물도 빈번하게 약탈당하여 다시 짓고 하였는데, 현재의 건물은 1833년에 화재로 인해 파괴되기도 했지만 1834년부터 1862년까지 진행된 불가리아 국민의 지원을 통해 재건

릴라 수도원 전경

되었다. 험악해 보이는 외부 벽을 보다가 안으로 일단 발을 디디면 건물이 지닌 매력과 그 규모에 놀란다. 당당한 모습의 '예수 탄생 교회'는 불가리아에서 가장 큰 수도원 부속 교회이며, 줄무늬와 체크무늬로 단장한 4단으로 된 주랑 발코니가 불규칙한 형태의 안뜰을 둘러싸고 있다. 아무렇게나 건축한 것 같은 붉은 타일로 덮인 지붕과 여기저기 흩어져 있는 돔이 전체적인 매력을 더해 준다.

1976년에는 불가리아 국립사적지로 지정되었으며 1983년에는 유네스코가 지정한 세계문화유산에 등재되었고, 1991년 이후부터는 불가리아정교회 소유로 남아 있다. 2002년 5월 25일에는 불가리아를 방문한 교황 요한 바오로 2세가 이곳을 순례하기도 했다.

이 수도원은 단지 풍광이 매력적이기만 한 장소는 아니다. 수도원 박물관은 '릴라 십자가'라는 뛰어난 작품과 1790년에서 1802년에 걸쳐 라파일이라는 수사가 조각한 양면 예수 수난상을 소장하고 있다. 주 교회는 화려하게 채색된 극적인 장면의 프레스코화로 덮여 있는데, 그림은 구원받은 자와 죄인을 기다리고 있는 서로 다른 운명을 생생하게 나타낸다.

수도원 가는 도중의 풍경과 마을

버스를 타고 가는 길에는 먼 산에 눈이 아직도 쌓여 있었다. 벌써 오월인데도 높은 산은 우리가 생각하는 것 이상으로 고지대라 눈이 녹지 않고 쌓여 있다. 수도원 가까이 제법 운치가 있는 마을에 휴식을 위해 버스가 잠시 멈추었다. 마을을 돌아보는 마차가 여행객을 태우고 한 바퀴를 돌고 있는 제법 오래된 마을로 나름대로 유적도 있는 곳이었다. 이 휴식지에서 같은 버스를 타고 온 한 쌍의 한국 젊은이를 만났다. 반가워 이야기를 해 보니 남자는 회사를 그만두고 여행한다고 하며, 시베리아 횡단열차를

수도원 좌우의 주랑

릴라 수도원으로 들어가는 입구

흐렐류탑

타고 시베리아를 횡단한 후 여기로 왔다고 하였다. 그래서 나도 몇 년 전에 한 달간 시베리아를 횡단하였다 하니 놀라며, 자기는 그냥 기차를 타고 횡단만 하였다고 하였다. 여자는 헝가리에 유학을 온 학생으로 귀국 전에 여행한다고 하였다. 둘이 아침에 공항에서 만나 동포라고 같이 다니고 있다고 하였다. 내 생각으로는 참 기특한 젊은 이들이라 느껴졌다. 젊을 때 세상을 배우고 익히는 것보다 더 큰 지혜는 없으리라 생각이 들었기 때문이다. 이 마을에서 잠시 쉬다가 릴라 수도원으로 가니 수도원 입구에 많은 전세 버스가 있었지만 노선버스는 거의 없었다.

릴라 수도원의 흐렐류탑과 같이 많은 수도원은 14세기 중반 이후 오스만 제국의 침입에 대항하여 요새화하였다. 이러한 요새들은 도나우강, 발칸산맥, 로도피산맥, 흑해 연안을 따라 완벽한 방어 네트워크를 형성하여 비딘, 실리스트라, 체르벤, 레베츠, 소피아, 플로프디프, 류티챠, 우스트라 등에 많은 성이 세워졌다.

수도원을 구경하면서 그 당시로는 엄청난 산골이었을 이곳에 세속의 모든 것을 떨쳐버리고 오직 신에게 자신을 바치고 헌신을 약속했을 수도사들을 생각하였다. 인간이 가진 모든 욕망과 희로애락에 물들지 않고 신에게 자신의 구원을 빌었을까? 아니면 자신의 욕망을 주체하지 못해서 신에게 자신의 소망을 빌었을까? 어찌 되었든지

수도원의 여러 모습

세속의 인간은 그들을 가만히 두지 못하였다. 신에게 인간을 바치기 위해 건립된 이곳도 여러 제국의 패권 다툼으로 인해 파괴되고 변화를 거듭했다. 그것도 신이 인간에게 준 섭리인지……

수도원에서 소피아로 돌아와서 마지막 여행지이며 이 여행의 출발지이기도 한 이스탄불로 가는 기차를 타기 위해 분주하게 움직였다. 소피아에서 이스탄불로 가는 기차는 밤에 출발하여 국경을 통과해야 하는 여정으로, 이스탄불에서 소피아로 오는 기차와 정반대로 움직인다.

밤늦게 소피아에서 기차를 타서 다음 날 아침에 이스탄불에 도착했다. 이스탄불 교외에 기차가 멈추고 대기한 버스를 타고 이스탄불 시내로 이동하였다. 이스탄불에서 출발할 때도 이스탄불 시내 시르케지역에서 버스로 교외 역까지 이동시켜 주었는데 이번에는 반대로 이동시켜 준다. 우리가 생각하기에는 너무 불편한 방법이지만 이들이 이렇게 역을 지었으니 어쩔 수 없이 따라야 한다.

아름다운 조각의 분수대

예수 탄생 교회의 내부

세르비아 Serbia

베오그라드   현대와 과거가 어울린 낭만의 도시

  불가리아 여행을 하던 중에 처음의 계획에 따라 다음 목적지인 세르비아의 베오그라드로 향했다. 소피아에서 베오그라드에 가는 교통은 기차보다 버스가 편리하다고 생각하여 소피아 중앙역 근처에 있는 버스 터미널에서 오후 3시경에 버스를 타고 출발했다. 국경을 접하고 있는 유럽의 나라들은 버스로 국경을 넘어 이동하기 편하게 노선을 운용하고 있다. 베오그라드로 가는 중간의 세르비아국경에서 간단하게 입국 심사를 하고 오후 9시경에 베오그라드에 도착했다.

  이 버스를 타고 가는데 누군가가 한국말로 말을 걸어왔다. 깜짝 놀라서 돌아보니, 한국에서 유학 생활을 했다고 하는 말레이시아의 20대 젊은이였다. 옆에 있는 인도네시아인 친구와 여행 중이라고 했다. 국경에서 여권 심사를 하는데 이 인도네시아 친구에게 무슨 문제가 있는지 심사를 따로 하였다. 왜 그러냐고 물어보니 지난 발칸 전쟁에서 인도네시아가 상대방에게 우호적인 정책을 취해서 이 나라에서는 일종의 적국 비슷한 취급을 받는다고 하였다. 국제 관계는 참으로 미묘하다고 생각되었다. 직접 참전한 것도 아니고 우호적이었다는 문제로…… 그러나 별다른 일은 없이 통과는 되었다. 우리말이 전혀 통용되지 않는 이곳에서 뜻밖에 만난 젊은이와 우리말로 이야기를 하니 참 편리하고 포근한 느낌이 들었다. 이런 점이 자신의 모국어를 중요하게 생각하는 것이라는 다시 생각하게 했다.

  베오그라드까지는 참으로 먼 길이라 버스에서 하는 일 없이 창가로 풍경을 즐기다가 한가하게 잠을 청했다.

  베오그라드 Beograd/Belgrade 는 인구 약 백이십 만의 큰 도시로, '하얀' Beo '땅' Grad 이라는 도시 이름에 맞게 건물들도 대부분 흰색으로 도색하게끔 조례가 만들어져 있다고 한다. 칼레메그단이라고 부르는 고대 로마 시대의 성채가 있는 석회암 대지를 중심으로 사바강이 도나우강에 합류하는 지점 오른쪽 언덕에 위치하며, 도시의 역사는 BC 4세기부터 시작한다. 발칸 여러 민족의 항쟁 중심지로 동로마 제국이 쇠락하고 세르비아 왕국이 일어서면서 거점으로 주목받았으며, 헝가리 왕국 역시 거점 지역으로 베오그라드를 주목하여 점차 중심지가 되어 갔다. 1521년, 메흐메트 2세의 증손자인 술레이만 1세는 기습적으로 베오그라드를 공격해 함락시켜 오스만 제국의 영토로 300년 이상 지배했으며, 1878년 세르비아가 베를린 조약의 결과에 따라 독립을 쟁취했을 때 비로소 수도로 확정되었다. 2차 세계대전에서는 나치스 독일에 점령되었으나, 시민들의 저항과 소련군과 티토가 이끄는 유고슬라비아 해방군에 의하여 1944년 10월 해방되었다. 1990년대 유고슬라비아 연방이 해체되면서 진통 끝에 신생 유고슬라비아 공화국의 수도로 결정되었으며, 1999년 코소보 전쟁 당시 NATO 군대의 폭격을 받기도 하여 지금도 거리에는 폭격의 상흔을 그대로 보여주는 곳이 많다. 현대 역사의 여러 시련의 시대를 거쳐 2006년 결국 세르비아 공화국의 수도가 되었다. 베오그라드 거리에는 고층 건물과 상점이 늘어서는 등 개방적이며, 자유로운 분위기의 거리가 건설되었으나, 지나간 파괴의 역사 때문에 고대나 중세의 유적은 별로 남아 있지 않다.

밤늦게 베오그라드에 도착해서 버스에서 내리니 방향 감각이 무디고, 세르비아 돈을 환전 못 해서 숙소로 가는 버스를 타기가 어려웠는데, 버스에서 같이 온 말레이시아 청년에게 많이 도움을 받았다. 그 청년이 버스비를 내어 주고 자신들의 숙소와 비슷한 방향이라 함께 버스를 탔다. 운이 좋게 버스 안에서 세르비아 여성에게 숙소를 물으니 자기를 따라오라고 한다. 자기 집 부근이라 하면서 같이 버스를 내려 숙소 앞까지 데려다주어 정말 고마웠다. 스카다리야 거리 부근의 숙소는 베오그라드의 낭만이 물씬 느껴지는 좀 묘한 위치에 있는 곳으로 상세한 설명은 뒤에 다시 하겠다. 밤이 늦어 숙소에 들어가 먼저 잠을 청한다.

아침에 일어나니 숙소에서 식권을 주면서 식당을 가르쳐 준다. 아마 체인을 맺은 곳인가 생각되는 식당이 스카다리야 거리에 있었다. 어제 밤늦게 도착하여 주변을 잘 몰랐는데 아침에 보니 유명한 거리 옆이 숙소다. 식당도 제법 이름이 알려진 집이었

식당 입구와 전경

숙소 부근에 있는 Sebils Fountain

고, 음식도 풍부하고 맛이 있었다. 여행 중에 먹는 것을 중요시하는 나에게는 만족스러운 집이었다.

베오그라드를 제대로 모르면서 인터넷으로 예약한 숙소가 운이 좋게도 스카다리야 거리 바로 옆이었다. 예술의 거리로 잘 알려진 스카다리야 거리의 또 다른 이름은 보헤미안 거리로 19세기 중반부터 세르비아에서 활동하는 유명 예술인들의 주 무대로 베오그라드의 몽마르트라 불리는 곳이다. 울퉁불퉁한 자갈길로 된 약 500m 정도의 길은 걷기는 다소 불편하지만, 천천히 걸으면서 거리를 즐기라는 예술가들의 아이디어라 생각하면 이곳이 더욱 여유롭고 운치 있는 곳으로 느끼게 한다. 이 거리 양쪽을 채우는 것은 세련된 분위기의 카페, 레스토랑, 골동품 숍, 부티크, 갤러리들이다. 19세기 말까지 가난한 자들의 동네였던 곳에서 비록 돈은 없지만 자유로운 영혼을 가진 작가, 배우, 저널리스트들이 드나들면서 이토록 매력적인 '베오그라드의 몽마르트'로 변신시켰다. 빈티지스럽고 보헤미안적인 거리에 밤이 되면 낮과는 다르게 흥청거리는 모습을 볼 수 있었다. 야외 테라스엔 와인 잔을 든 젊은

거리의 풍경

이들이 청춘을 즐기고, 록 밴드의 음악이 연주되며, 마치 영화 같은 풍경은 밤늦게까지 멈출 줄을 모른다. 몽마르트르와도 비교되는 보헤미안 거리는 아름다운 꽃장식과 화려한 색들로 장식해 놓은 고풍스러운 건물에서 예쁜 카페와 세르비아 전통음식을 파는 레스토랑은 예술가의 거리답게 독창적이고 예술적인 간판이 거리 곳곳을 아름답게 꾸미고 있다.

"우리 몽마르트에 가요." 베오그라드에 해가 지면 사람들은, 특히 젊은이들은 무언가에 홀린 듯 구시가지에 있는 스카다리야로 발걸음을 옮긴다고 한다.

숙소가 이 거리 옆에 있고 시내로 가기 위해서 이 거리를 통과해야 하기에 몇 번을 이 거리를 지나다녔는데, 거리를 지나갈 때마다 시간이 바뀜에 따라 거리의 주인들도 바뀌고 있었다. 낮의 모습도 좋지만, 밤의 거리가 더 낭만적이다.

스카다리야 거리를 지나 베오그라드의 중심지로 진입하면, 매력적인 젊은이들이 흥청거리는 밝고 화사한 쇼핑 거리로 이어지는 공화국 광장이 나온다. 서구의 거대 도시를 연상시키는 활기찬 분위기를 느끼며 나의 마음도 너그럽게 하는 전혀 예상하지 못한 광경이다. 사회주의 국가 도시를 생각했던 어두운 분위기는 차츰 수그러들

세르비아의 시인이자 화가이며, 극작가였던 Duro Jaksicdml 조각상

꽃으로 장식된 카페들

공화국 광장 부근

고, 자유와 낭만적인 도시의 활기와 당당한 분위기가 느껴졌다. 광장 주변에는 국립 박물관, 국립극장, 기마상이 있는데, 기마상의 주인공은 1867년 오스만 튀르크로부터 세르비아를 해방시켜 국민적 영웅으로 추앙받는 미하일로 오브레노비치 3세이다.

광장 주변은 카페, 레스토랑, 기념품 상점들이 즐비하게 늘어 서 있다. 나도 여기 카페에 잠시 앉아 주스를 마시면서 지나가는 매혹적인 젊은이들을 보면서 한가함을 즐겼다.

공화국 광장에 있는 미하일로의 동상 앞은 시민들이 사랑하는 만남의 장소로 한 시간만 서 있으면 베오그라드 사람 다 봤다고 거짓말해도 될 정도로 북적거렸다. 베오

미하일로 오브레노비치 3세

국립극장

세르비아 Serbia

그라드는 시내가 조그마하고 볼거리 대부분이 적당한 거리에 있어 직접 걸으며 보는 도보여행이 딱 알맞은 곳이었다. 말 동상 뒤의 건물이 국립박물관인데 하필 수리 중이라 문을 열지 않아서 아쉬운 마음을 달래야만 했다.

바로 옆에 국립극장이 있어 들어가 공연 일정을 보니 오늘 오페라 '오텔로'를 공연한다고 한다. 티켓 가격이 상상 이상으로 저렴했다. 한국에서 웬만한 오페라라면 별로 좋지 않은 좌석의 티켓은 적어도 10만 원 이상을 줘야 하는데 약 3만 원 정도에 좋은 좌석을 가질 수 있었다. 얼른 구입하고 저녁에 다시 국립극장 내부를 구경하기로 하고 발걸음을 돌렸다.

발길을 돌려 간 곳은 화려한 현대의 거리로, 공화국 광장에서 칼레메그단 요새까지 이어지는 보행자 전용도로인 크네즈 미하일로바 거리다. 길 양쪽으로 갤러리, 서점, 쇼핑몰, 카페, 레스토랑이 즐비하게 늘어선 것이 서구 어느 도시의 번화가에 비교해도 뒤지지 않았다. 아침부터 밤까지 한가한 틈이 없이 사람들이 북적거리면서도 아주 여유로운 거리로, 단순히 쇼핑 구역이 아니고, 우아한 핑크빛 건물의 과학 예술 아카

사보르나 교회 전경

거리의 여러 모습

내부의 화려한 모습

데미 등 1870년대 후반에 지어진 빌딩과 맨션들이 많아 국가에서 법으로 보호하는 베오그라드의 랜드마크로 남동부 유럽에서 가장 아름다운 거리로 꼽힌다고 하니, 길 위를 한가로이 다니면서 구경하는 자세가 필요하다. 길을 걷다가 피곤하면 카페에 들어가서 차를 한 잔 마시거나 출출하면 식사를 하면서 거리를 오가는 사람들을 구경하는 재미도 쏠쏠하다. 나도 거리를 걷다가 점심을 먹었다.

거리를 제법 걸어가면 칼레메그단 요새가 나오는데, 요새에 도달하기 조금 전 왼쪽으로 가면 사보르나 교회가 있다. 세르비아 최대의 정교회로 중요한 행사가 열리는 곳인데 느낌은 가톨릭 성당과 비슷하다. 내부에는 아치형의 천장과 성화로 이루어진

벽이 눈길을 끌고 외부의 모습도 아름답다.

드디어 베오그라드의 자랑 칼레메그단 요새 Kalemegdan Fortress 에 다다랐다.

만약 성급한 여행자가 베오그라드를 잠깐만 구경하고 떠날 예정이라면, 세르비아 사람들은 그 여행자에게 꼭 권유하는 장소가 바로 칼레메그단 요새다. 사바강과 도나우강의 합류 지점인 스타리그라드 Stari Grad 의 높이 125.5m 지대에 위치하는 암벽 위에 있는 칼레메그단은 1세기 로마가 지배했던 시절부터 요새나 성이 서 있었으며, 현재 남아 있는 요새는 대부분이 예전에 파괴되어 버린 건물 위에 1740년대에 세워졌다. 현재도 성벽은 구 베오그라드시의 경계선을 나타내고 있다고 한다.

튀르키예어로 '칼레'는 '요새', '메그단'은 '전장 戰場'을 뜻하는데, 오늘날 칼레메그단 요새는 오랫동안 침략을 받은 베오그라드의 역사와 나토의 폭격에도 여전히 온전한 모습을 유지한 채, 자랑스러운 상징으로 남아 있다. 요새의 벽 모든 곳에 남아 있는 전투의 상처는 전쟁에 시달린 베오그라드의 과거를 잘 보여주고 있다.

이 칼레메그단은 현재 베오그라드의 주요 관광 명소로, 이 도시의 복잡한 역사가

교회 외벽및 스테인드그라스

칼레메그단 요새 설명판

프랑스에 헌정한 청동 조각상

요새의 여러 모습

두 강이 흐르면서 합쳐지는 풍경

남긴 유물로는 로마 시대의 유적, 파샤의 무덤, 천문대, 여러 개의 박물관 등이 있다. 주변을 둘러싼 공원에는 조각품이 가득하며, 또 다른 훌륭한 기념물 하나는 1차 세계대전 동안 도와준 것을 감사하기 위해 프랑스 국민에게 헌정한 거대한 청동 조각상이다.

천천히 걸으면서 주변의 풍경을 즐기다가 도나우강과 사바강 두 강이 만나는 풍경이 눈에 들어왔다. 우리나라 양수리의 풍경과 비슷하게 두 강이 합류하는 아름다운 풍경이 눈앞에 펼쳐졌다.

강을 끼고 있는 도시가 얼마나 아름답고, 그 강변을 바라보는 마음은 얼마나 여유로운지는 강을 낀 도시에서 살아 보아야 안다. 베오그라드 사람들에겐 도나우강과 사바강이 그런 곳이다. 하나도 아니고 두 개의 강이 칼레메그단 바로 앞에서 합류한다. 베오그라드를 감싸고 흐르는 두 강의 만남을 제대로 보는 방법은 칼레메그단의 오래된 성벽 끝에 걸터앉아 다리를 흔들면서 여유롭게 보는 것이다. 눈앞에 방해하는 것 하나 없는 순수한 풍광이 펼쳐지는 광경을 마음껏 볼 수 있는 베오그라드의 가장 아름다운 전망대로 꼽히는 곳으로, 베오그라드의 한가한 시민들은 이곳에 낚싯대를 던져놓고 물고기를 낚기도 하는데, 그들이 물고기를 낚는지 세월을 낚는지는 모르겠다.

한가로이 강을 구경하다가 아래로 내려가면 승리자라고 하는 거대한 탑이 보인다.

강을 바라보고서 벌거숭이 엉덩이를 드러낸 남자의 정체는 빅토르 _{승리자} 다. 세르비아가 오스만 튀르크와 오스트리아–헝가리에 완전히 독립하게 된 것을 기념하기 위해 세운 '승리자의 탑'이다. 이반 메슈트로비치의 작품으로 처음에는 시내 중심지에 있는 모스크바 호텔 앞에 세울 예정이었으나 1928년에 시민들이 벌거숭이로 엉덩이를 드러낸 모습이 불쾌하다고 불평해서 지금의 자리로 옮겨왔다고 한다. 도리아식 기둥 위 14미터 높이로 떠 있어서 누드는 제대로 보이는 게 하나 없었는데…… 아무튼 오늘의 베오그라드 시민들은 빅토르를 파리의 에펠탑과 비교할 정도로 자랑스럽게 여긴다고 한다.

칼레메그단 요새 구경을 마치고 다시 크네즈 미하일로바 거리를 통과하여 숙소로 가서 저녁에 오페라를 보기 위해 휴식하기로 한다.

저녁을 일찍 먹고 국립극장으로 향했다. 극장으로 가는 길에 지나가는 보헤미안 거리에는 저녁 장사를 준비하고 있는 모습들이 보였다. 극장은 그렇게 크지는 않았

크네즈 미하일로바 거리

승리자라고 하는 거대한 탑

오페라 극장 내부

고, 관객도 엄청 많지는 않았으나 객석은 거의 다 찼다.

2층에서 공연을 보는데 우연히 옆에 동양인들이 자리했다. 묘하게도 한국, 중국, 일본인이다. 왼쪽부터 필자, 중국의 젊은이, 일본인 회사원 순이었다. 중국 젊은이는 휴가를 내고 일주일을 예정으로 베오그라드를 중심으로 세르비아 일대를 다닐 예정이라고 했고, 일본인은 아마도 이 오페라를 후원한 기업의 종사자인 듯했다. 하여간에 묘하게 아시아 세 국가의 사람들이 함께 오페라를 보게 된 것도 기념이라며 모두 기뻐하고 사진을 찍었다.

오페라를 구경하고 숙소로 돌아오니 너무 늦은 시간이라 잠을 청하여 자고 다음 날 아침에 숙소 주변에 있는 시장에 가보았다. 우리의 재래시장과 비슷한데 각종 채소와 과일, 꽃 그리고 여러 농산물을 팔고 있었다. 여기서 꿀을 조금 사고 구경하고 아침을 먹은 다음 여정을 계속하기 위해 버스 터미널로 갔다.

베오그라드에서 보낸 시간이 길지는 않았지만, 이틀을 보내면서 느낀 점을 간략하게 이야기하겠다.

베오그라드에서 나는 어떤 도시보다 여유로움을 많이 받았다. 과거와 현재가 함께 있으면서, 적당한 번잡함과 예스러움을 함께 가지고 있었다. 거리를 다니는 사람들의 표정도

시장의 모습

밝았고, 그들의 생활 리듬이 아주 부드럽게 느껴졌다. 그래서 나는 이 도시는 한가롭게 휴식을 취할 수 있는 곳이니 언젠가 다시 시간이 되면 이 도시로 오겠다고 생각했다. 여행 중에 여유를 좀 가지고 한가로이 거닐면서 먹고, 마시고, 생각도 하면서 지낼 수 있는 도시가 바로 베오그라드라고 생각했다. 하지만 언제 다시 올는지……

시간이 여유가 좀 있어서 시장 주위를 걸어 다니면서 구경하고 빵을 좀 사서 준비하고 숙소로 가서 짐을 챙겨 떠났다.

이제 우지체로 간다.

우지체 Uzice **1** 알려지지 않은 아름다운 도시

베오그라드를 떠나 우지체로 간다. 우지체는 우리나라 사람들에게는 전혀 알려지지 않은 곳이지만 나는 이 우지체에 꼭 오고 싶었다. 왜냐하면 예전에 본 영화가 머리에서 너무 떠나지 않았기 때문이다. 영화에 대한 상세한 이야기는 뒤에 하겠다. 우지체는 베오그라드에서 상당히 멀기에 약 4시간을 버스를 타고 우지체에 도착했다.

우지체는 세르비아 서부에 있는 도시로, 도시 인구는 주변을 포함하여 약 십만 정도인 조그마한 도시이다. 제티나강 왼쪽과 접하며 주요 산업은 섬유, 피혁, 기계, 금속 공업이다. 2차 세계대전 중이던 1941년 7월 28일 이곳을 해방시킨 유고슬라비아 파르티잔들이 세운 나라인 우지체 공화국의 수도가 되었지만, 1941년 12월 1일 나치 독일과 체트니크 등의 파르티잔 공세 때 이 지역이 점령되자 파르티잔들은 보스니아, 몬테네그로 등지로 피신하였고 우지체 공화국도 사라지고 만다. 코소보 전쟁 당시에는 북대서양 조약 기구 NATO 의 공습으로 인해 크게 파괴되기도 했다.

우리에게는 전혀 알려지지 않은 곳이라고 해도 과언이 아닌 우지체는 생각보다 훨씬 관광지로도 좋고 휴양지로도 좋은 곳이다.

우지체 버스 터미널 부근

역장이 보여준 옛날 자료들

먼저 우지체에 대한 정보가 전혀 없어 버스에서 내려 다음 여행지인 사라예보로 가는 기차를 알아보려고 역으로 갔다. 역에 가니 커다란 역사에 사람이라고는 거의 찾아볼 수가 없다. 하루에 두서너 번 기차가 정차하는 작은 간이역인데 역사는 엄청나게 컸다. 역을 돌아다니다가 우연히 만난 역장과 이야기하면서 여러 가지 정보를 얻을 수 있었다. 역장에게 모크라 고라에 기차를 타러 간다고 하니 모크라 고라의 기차는 지금은 운행하지 않고 4월 1일에 처음 운행을 시작한다고 대답하여 상당히 난감했다. 4월 1일에는 사라예보에 예약해 놓았는데 이곳에서 사라예보로 가는 교통편이 좋지 않아서 예정대로 움직이기가 어려웠다. 그렇다고 우지체에 온 주된 목적인 모크라 고라에서 기차를 타는 여정을 취소하기도 어렵고……

조금 고민하고 있으니, 역장이 말하기를 모크라 고라에서 4월 1일 개통하는 기차를 타고 나서 사라예보로 갈 수 있다고 해서 그렇게 하기로 했다. 역장은 자기들은 잘 알지도 못하는 한국에서 모크라 고라의 기차를 타러 왔다고 하니 신기한 모양이었는지 자기가 모크라 고라의 기차 공사에도 참여했다고 하면서 이것저것 여러 가지 자료를 보여주며 설명했다.

역장과 모크라 고라에서 기차를 타는 것을 이야기하고 숙소에 가니 숙박하는 손님이 아무도 없고, 우리가 유일한 손님이다. 45살이라는 안드레이라는 이름을 가진 분이 주인이었는데 참으로 재미있는 사람이었다. 어디에서 왔는가를 물어 한국에서 왔다고 하니 깜짝 놀란다. 자기가 알기로 한국인이 우지체를 방문한 기억이 없다는 것이다. 그리고 무슨 목적으로 왔는가를 물어 모크라 고라에 기차를 타러 왔다니 더 놀란다. 한국인이 모크로 고라의 기차를 알고 타러 왔다는 것이 이 사람에게는 놀라움 그 자체였다. 그래서 너무 반가워 손님도 없고 하니 자기가 가이드를 해주겠다고 하면서 함께 시내로 나섰다. 미리 이야기하면 이 사람은 우지체에서 상당히 잘 알려진 사람으로, 이탈리아에서 음악을 하였는데 어머니가 이제 나이가 많으셔서 귀국하여 게스트하우스를 운영한다고 했다. 그리고 자기 어머니가 83살인데 우지체 시가지를 설계하였다고 하였다. 사실 이 숙소에 올 때 택시를 탔는데 택시 기사가 이 게스트하우스가 아주 유명하다고 말은 했지만 믿을 수는 없었는데, 이 주인이 시내 안내를 해줄 때 만나는 시내 대부분의 사람들이 이 사람에게 인사를 하는 정도였다. 하여튼 이 사람 덕분에 아무런 정보도 없이 왔는데 그냥 따라다니며 우지체를 편하게 다녔다.

내가 머문 숙소 'Guesthouse Little 15'

시내의 아기자기한 모습

시내의 이곳저곳을 구경시켜 주다가 미술관으로 데려갔다. 이 작은 도시에 미술관이 있으리라고 생각하지도 않았는데, 미술관에 전시된 작품은 현대적인 작품으로 미술에 대해 별 지식이 없이 그저 보는 것만 좋아하는 내가 보기에는 상당한 작품들이었다. 미술관 관장을 친구라고 소개해 주어 함께 미술 작품을 즐기고 나왔다.

날은 점점 어두워지는데 도시를 가로

성 마르코 교회의 내부와 외부

미술관의 작품

미술관

지르며 흐르는 제법 큰 하천을 따라 올라간다. 무작정 따라가니 하천 주위에 제법 오래된 집이 있다. 그러더니 테슬라를 아느냐고 묻는다. 그래서 전기를 만든 사람이라고 하니 기뻐하며 여기가 테슬라의 집이라고 한다. 테슬라의 출생지에 대해서는 의견이 달라 무어라 말을 할 수 없지만, 여기에서 테슬라가 어릴 때 살아서 여기에 기념박물관을 만들었다고 한다.

오늘날 전기자동차 회사 이름으로 사용되고 있는 니콜라 테슬라는 발명가로서 에디슨만큼 대중적으로 유명하지는 않지만, 공학도들 사이에서 테슬라라는 이름은 천재라는 말과 동의어로 여겨진다.

여기를 구경하는 동안 날이 제법 어두워졌다. 다시 시내로 내려가 노천카페에 앉아 차를 마시고 나니 저녁은 무엇을 먹으려는지 묻는다. 그래서 이 지방의 토속적인 음식을 먹고 싶다고 하니 일어서서 또 가자고 하여 따라가니 이 지방의 특이한 빵을 화덕에 구워 만드는 우지체에서 가장 유명한 집으로 데려간다. 그러면서 빵집 주인에게 또 장황하게 한국이라는 나라에서 왔다고 소개한다. 하여튼 이 사람의 인지도는 정말 놀라워 도시의 모든 사람이 알고 있는 듯했다. 빵집 주인은 빵을 굽는 화덕과 굽는 방법을 보여주고 재료도 보여준다. 이런 빵을 우리가 접해 보지 않았으니 이 빵을

니콜라 테슬라 박물관

무어라 설명을 할 수가 없지만, 현지인들은 매우 즐겁게 빵을 사서 먹고 있었다. 이 집을 나오려니 빵집 주인이 자기 집이 만든 티셔츠를 기념품으로 두 벌 주었다.

빵집 주인 부부가 빵을 만드는 모습

빵집을 나와서 숙소로 돌아오니 주인이 자신의 바를 구경시켜 주면서 간단하게 맥주를 대접한다. 이 주인도 아마 손님이 그리웠는지 서로가 짧은 영어로 이야기하다가 잠자리로 가면서 벽장의 여러 술이나 주스를 마셔도 된다고 하였지만, 아무 것이나 꺼내어 마시는 것은 예의가 아니라 나도 조금 쉬다가 잠을 청했다.

다 구워진 빵

우연히 만난 주인 덕분에 길을 찾아 헤매지도 않고 쉽게 우지체를 구경하였다. 이런 것도 여행 중에 만나는 행운이다.

개업 50년 기념 티셔츠

빵집의 표창장

아침에 일어나 식사하고 조금 있으니 주인이 조그마한 배낭을 메고 나온다. 그 모습을 보니 내가 여행객인지 그가 여행객인지가 모호하다. 그러면서 어디를 가는지도 설명하지 않고 버스를 타고 시내로 가서 먼저 역으로 가잔다. 역에 가서 어제 만난 역장에게 화를 내고 이야기를 끝내고 나와서 설명한다. 모크라 고라에서 산악기차를 타고는 차편이 맞지 않아 사라예보에 갈 수가 없다는 것이다. 사라예보에 가기 위해서는 국경을 넘어가는 버스를 타고 건너가서 다시 버스를 갈아타야 하는데 버스 시간이 맞지 않는다는 것이다. 상당히 난감하였다. 모크라 고라에서 산악기차를 타는 것이 여정의 가장 큰 목적인데⋯⋯

물론 산악기차에 대한 정보도 없이 왔기에 잠시 난감해하고 있으니 자기가 택시를 대절해서 사라예보까지 책임지고 보내줄 테니 걱정하지 말라고 한다. 이 말을 듣고 더욱 난감한 생각이 들었다. 여기서 사라예보까지 거리가 얼마인데, 더구나 나라가 달라 국경을 넘어야 하는데 하고 걱정하니 그것도 걱정하지 말라고 한다. 자기가 아는 택시를 불러 줄 것이니 70유로 당시 환율로 약 십만 원 미만이었다. 만 주면 된다고 한다. 이 사람의 신망을 보니 헛소리를 하는 사람은 아니라고 생각되어 그렇게 하자고 했다.

우지체 시외에 자리한 게스트하우스 Little 15

결과를 먼저 말하면 다음날 아침에 온 택시는 70유로로 모크라 고라로 가는 도중의 관광지를 구경하고, 모크라 고라에서 기차를 타고 올 때까지 기다렸다가 사라예보의 숙소까지 데려다 주었다.

그리고는 자기가 앞장서서 안내를 시작하여 먼저 시내를 구경하면서 산 쪽으로 올라가면서 모르는 것은 물으면 답을 해주는데 나도 영어에 능통하지 않기에 가벼운 말만 하고 길을 걸어간다.

제법 언덕길을 걸어 올라가면서 우지체 시내의 풍경을 즐겼다. 산 위로 계속 올라가기에 뭐가 있나 보다 생각하며 안내판을 보니 우지체 옛 성이다. 이런 성이 있었다는 사실을 전혀 모르고 따라왔으니 이 사람이 아니었으면 그냥 지나치고 말았을 것이다. 영어로 된 안내판을 보니 14세기에 지어진 제법 큰 요새로 우지체 시내를 일망무제로 조망할 수 있는 장소였다. 요새 위에 올라가니 자연적인 지형에다가 석벽을 쌓고 길을 내고, 거주하는 공간도 만들고 한 것이 작은 요새가 아니라 큰 성과 같았다. 우지체 사람들도 여기에 올라와서 바람을 쐬고 있는 모습이 눈에 들어왔다.

우지체의 독특한 담벽이라고 설명

요새의 여러 모습

예전에 기차가 다닌 표시

우지체 올드 타운 설명판

Grennway 설명판

요새를 구경하고 내려와 산 중턱에 난 길을 따라 걷자고 한다. 우지체 사람들이 걷기를 즐기는 곳으로, 옛날의 길을 그대로 두고 아름다운 자연을 완상하면서 여유롭게 걷도록 만들어 놓은 길이었다. 걷기를 좋아하는 우리나라 사람들에게는 참 좋은 걷기 코스로 아마 옛날에는 철길이 놓여 있었던 것 같은데 철도 노선을 다른 곳으로 이동시키고 이곳을 길로 만들어 놓은 것 같았다. 설명을 보면 철길이었다고 되어 있고, 지금은 Grenn Way라고 명칭을 붙여 놓았다. 예전에 철길이다 보니 터널과 다리가 아주 많았고, 경치가 아름다워 주변 경치에 취해서 계속 걸었다. 공해나 오염이라고는 찾아볼 수도 없는 곳인 이 길은 차는 전혀 다니지 않고 사람들이 걷거나 자전거를 타고 하이킹을 하는 길이라 걷기를 좋아하는 사람들에게는 낙원과 같은 길이었다.

제법 걷다가 물이 흐르는 계곡으로 내려갔다. 어느새 시간이 제법 지나 시장기가 돌아 가지고 간 간식과 음료수로 가볍게 요기하고 경치를 즐겼다. 이 길을 끝까지 가려고 하면 제법 더 먼 길을 가야 한다고 해서 돌아가기로 했다.

Greenway 주변의 풍경

점심 메뉴

걷기를 마치고 내려오니 유원지가 있다.

이 유원지 근처에서 또 누군가와 이야기하고 나서 점심 먹자고 하며 어떤 음식을 먹을지 묻는다. 그래서 서양식으로 먹자고 하니 그 사람과 이야기한 뒤 식당으로 안내한다. 프랑스식 식당으로 제법 고급스럽게 보였는데 메뉴판을 보니 가격은 그렇게 비싸지 않아 음식을 주문하고 이야기하고 있는데, 조금 전에 본 사람이 들어와서 합석한다. 숙소 주인이 말하기를 자기의 사촌이라고 해서 이야기하면서 식사를 마치니 이 사람이 음료를 사겠다며 식당 근처의 노천카페로 이끈다.

노천카페에 앉아 여러 이야기를 했다. 이 지방은 물이 좋아 맥주가 맛이 있다고 해서, 맥주를 한 병 시키고 이야기하니 이 사람은 자기는 폐암 말기라 하면서 3개월밖에 못 산다고 말하며, 오스트리아에서 수술했는데 말기 판정을 받았다고 담담하게 말한다. 그리고 자기들에게는 생소한 한국에서 이 우지체를 찾아왔다니 호기심이 많이 생겨 합석한 것이라고 한다. 하지만 이 사람은 폐암 말기라면서 담배는 끊임없이 피우고 있었다. 내가 가지고 간 홍삼 가루를 좀 주면서 항암 효과가 있는 한국의 홍삼이라고 소개하며 가격을 말하니 웃으면서 헤로인보다 비싸다고 말한다. 그러더니 갑자기 나에게 무엇을 달라고 한다. 무엇인가 물으니 내가 대한항공을 타고 오면서 기내에서 받은 생수통 삼다수 을 가리키며 자기에게 기념으로 달라는 것이다. 그래서 기꺼이 주고, 한국 돈 지폐도 한 장 주니 좋다고 땡큐를 연발한다. 이 사람들과 노천에 앉아 이야기하고 있으니, 많은 사람들이 보고 자기들끼리 이야기한다. 아마도 동양인 더구나 한국인이 여기까지 온 경우는 아주 드물어 이 작은 시내에 이야깃거리가 된 것 같았다.

참 조용하고 아늑한 우지체가 우리에게 알려지지 않은 것도, 우리나라 사람이 방문한 적도 거의 없다는 것이 신기했다.

이야기하면서 주변을 돌아보니 많은 사람이 여유롭게 오후의 한때를 즐기고 있다. 어느덧 시간이 제법 지나 저녁때가 되어 숙소로 돌아가기로 하고, 시내 슈퍼에서 먹을거리를 좀 사서 숙소로 돌아갔다.

내일은 드디어 모크라 고라로 가서 기차를 탄다.

여기서 내가 머물렀던 곳을 밝히면 우지체의 'Guesthouse Little 15'이다. 혹시 우지체를 방문하는 사람은 이 집을 이용해 주기를 바란다.

우지체 Uzice 3   자연을 즐기는 모크라 고라

아침에 일어나 모크라 고라의 산악기차 개통식에 맞추어 가기 위해 식사하고 나서니 정말 택시가 온다. 택시 기사와 숙소 주인이 이야기하고 난 뒤 나에게 말하기를 모크라 고라까지 데려다주고 거기서 기차를 타고 돌아오면 기다렸다가 사라예보 숙소까지 데려다준다고 하였다. 그러면서 70유로만 주라고 한다. 정말 고맙고 감사할 뿐이었다. 그래서 내가 꼭 한국에 돌아가면 이 이야기는 블로그를 통해 알리고, 우지체도 소개해 주겠다고 했는데, 블로그를 통해서는 소개했으나 항상 미안했는데, 책에서도 소개하게 되어 미안함을 덜어내는 것 같다.

우지체는 내가 앞에서 소개한 것 이외에도 여러 가지 휴양시설이 잘 갖추어진 도시다. 온천도 있고, 동굴, 하이킹 코스, 산악기차 등등이 있어 조용하게 휴식을 취하며 여유롭게 지낼 수 있는 곳이다.

당시 영화 포스터 (출처: 네이버 영화홈)

이제 내가 우지체를 가게 된 이유를 간단히 이야기한다. 모크라 고라를 처음으로 알게 된 것은 영화를 통해서다. 내가 영화를 아주 좋아해 숱하게 많은 영화를 장르를 불문하고 본다. 그리고 우리나라에서 개최하는 각종 영화제에도 시간이 되는대로 영화를 보러 간다. 그중 부산국제영화제는 내가 사는 곳 부산에서 열리기에 거의 하루도 빠지지 않고 영화를 본다.

2004년 9회 부산국제영화제에

세르비아의 〈Life is a Miracle〉이라는 영화가 상영되었다. 그 후에 영화 제목이 〈삶은 기적이다〉라고 소개되었지만, 부산영화제에서는 〈인생은 기적처럼〉이라는 제목으로 상영되었다.

영화는 보스니아 전쟁을 다룬 에미르 쿠스투리차 감독의 영화로, 보스니아 전쟁이 발발한 1992년 세르비아의 시골 마을을 배경으로 하며, 전쟁의 양 진영에 속한 두 남녀의 이야기로 '인생이란 무엇인가?'를 생각해 보게 하는 작품이다. 작품에 대한 설명은 내가 하는 것보다 인터넷 영화소개를 참조하기를 바란다. 이 영화의 내용도 나에게 무엇인가를 생각하게 하였으나 그 배경이 되는 곳이 너무 아름다웠다. 그리고 그 배경이 바로 모크라 고라라는 곳임을 알고 언젠가는 그곳에 가서 기차를 타 보아

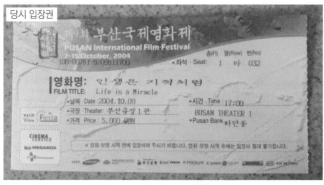

영화의 주요 장면들 (출처: 네이버 영화홈)

야지 하는 마음을 가지고 있었다. 그래서 이번 여행을 계획하면서 이 모크라 고라에서 영화에 나오는 기차를 꼭 타고 싶었다.

모크라 고라는 '젖은 산'이라는 뜻이다. 모크라 고라는 베오그라드와 사라예보를 잇는 협궤 철도가 지나가는 곳으로 세르비아와 보스니아 국경 근처에 있는 작은 마을이다. 비타시 마을에서 모크라 고라 마을까지 이어지는 협궤기차는 과거에는 보스니아까지 국경을 넘어 달리던 발칸 횡단 기차였으나 보스니아 내전 때 파괴돼 중단됐다가 1974년 폐쇄되었다. 이 폐쇄된 철도를 2003년 세르비아 관광청과 철도회사가 이곳이 고향인 유명한 세르비아 영화감독 에미르 쿠스투리차 Emir Kusturica 의 지원으로 '샤르간8' 구간으로 재건하였다. '샤르간8'이라는 이름은 험한 산을 오르는 철로가 하늘에서 보면 숫자 8자와 같다고 해서 이곳의 기차역명과 결합하여 붙여진 이름이다. 이 철도는 또한 에미르 쿠스투리차가 2004년 제작한 영화 Life is a Miracle 에 등장하면서 더욱 유명해지게 되었다. 현재 일부 구간이 재개통되어 관광열차로 운행되고 있는데, 하루에 4번 관광객들을 위해 모크라 고라역과 샤르간 비타시역을 왕복 운행하며 약 두 시간이 걸린다.

이 기차는 우리나라의 백두대간 열차와 유사하다고 생각하면 된다.

모크라 고라역에 가기 전에 에미르 쿠스투리차 Emir Kusturica 가 영화를 찍기 위하여 만든 마을로 갔다. Mt. Hill이라는 이름의 마을은 무슨 동화의 한 조각조각이 모여 있는 것 같이 아름답게 만들어진 곳으로 아직도 여기에 에미르 쿠스트리차 감독이 살고 있다고 하였다.

이 영화의 마을에서 구경하고 시간을 맞추어 모크라 고라로 갔다. 우지체의 숙소 주인이 택시 기사에게 이 모든 것을 지시해 놓았기 때문에 이런 마을이 있는지도 몰랐던 나는 뜻밖의 구경을 하고 아무런 어려움이 없이 이동했다. 지금도 정말 우지체의 숙소 주인에게 고마운 마음을 항상 가진다.

모크라 고라에 가니 그날이 올해의 철도 운행을 시작하는 날이라서 기념식을 거대하게 치르고 있었다. 세르비아 정부당국자들도 참석하고 세르비아 국영 TV에서 중계하고 있었다. 사실은 우지체의 역장이 먼 나라 한국에서 특별히 이 기차를 타러 왔다고 알려 세르비아 국영 TV에서 우리를 인터뷰할 예정이었다. 기차를 타서 주변을 살펴보니 서구 사람들이 많았다. 우리 앞에 젊은 부부가 아이들을 데리고 앉아 있어 어디에서 왔는지를 물으니 프랑스에서 왔다고 했다. 기차가 출발하고 세르비아 국영 TV의 간단한 인터뷰가 있었고 기차는 계속 철로를 따라 아름다운 경치를 보여주었다.

이 기차는 협궤로 자그마하다. 많은 관광객이 차창으로 주변의 경치를 즐기기도 하고, 객차 뒷부분을 오픈해 놓았으므로 뒤의 바깥에서 지나가는 경치를 보고 즐기기도 한다. 우리나라의 백두대간 기차와 아주 흡사하다.

중간역에 멈추니 영화를 본 사람은 모두 알 수 있는 전시된 자동차가 눈에 띈다. 영화를 본 사람은 환상적인 이 자동차를 그리고 이 철길을 달리는 자동차의 모습을 기억할 것이다. 수많은 사람이 영화를 보았는지 이 자동차에 올라타고는 기념사진을 찍는다. 나도 자동차를 타고 기념사진을 찍었다.

기차는 노선을 따라 한 바퀴 빙 돌아서 다시 모크라고라역에 도착한다. 처음 출발할 때는 기차를 타기에 바빠 주변을 미처 보지 못하였는데 돌아와서 여유롭게 주변을 돌아보니 매우 아름다운 마을이다. 언덕 위에 보이는 호텔들은 마치 동화 속에 들어온 것 같은 느낌

영화 세트로 만든 곳이라고 믿을 수 없이 아름다운 □

모크라 고라 역 부근 풍경

모크라 고라에서 가져온 철도 안내도

우지체(Uzice) 3 자연을 즐기는 모크라 고라

중간 기착역 GOLUBICI STATION

기차가 지나가는 주변경치

SARGAN VITASI STATION

GOLUBICI STATION

운행중인 열차

영화에 출연한 자동차

중간 기착지로 유명한 JATARE STATION

세르비아 Serbia

이라 미리 이곳에 이런 숙소가 있는 줄을 알았다면 여기서 일박하면서 주위의 경치를 즐겼을 것인데, 아무것도 모르고 그저 영화 한 편 보고 거기에 매료되어 무작정 찾아온 것이니 이것으로도 만족한다.

SARGAN EIGHT 기차는 순환형이라 약 두 시간 정도를 운행하고 제자리로 다시 돌아온다. 중간중간 역에 잠시 내려서 주변의 경치를 즐기고 가벼운 마음으로 돌아와 우지체 역장을 찾아 고맙다고 인사를 한 뒤에 이제 사라예보를 향하여 길을 재촉하기로 한다. 여기서 사라예보까지 얼마나 걸리는지도 제대로 모르고 그저 우리가 대절한 택시 기사에게 맡기기로 한다. 기사가 가는 길에 다른 사람을 태워도 괜찮은지를 물어, 그렇게 하라고 하니 한 사람을 태운다.

아마 이렇게 합승을 통해 요금을 보충하는 것이리라.

여하튼 나는 편안하게 사라예보로 간다.

우지체(Uzice) 3 자연을 즐기는 머크라 고라

모크라 고라 역 언덕위의 동화 속 같은 호텔

슬로바키아

오스트리아

헝가리

슬로베니아

크로아티아

이탈리아

보스니아
헤르체고비나

모스타르
사라예보
메주고리예
포치텔

세르비아

코소보

아드리아해

북마케도니아

알바니아

그리스

티레니아해

이오니아해

보스니아&헤르체고비나 Bosnia And Herzegovina

사라예보   역사의 현장

우지체에서 출발하여 사라예보를 향해 갔다. 솔직히 말하면 이번 여행에서 사라예보는 주요 여행지가 아니고 단지 보스니아의 다른 곳으로 가기 위해서 편의상 지나가는 곳이다. 그러나 사라예보는 역사적인 중요성을 지닌 곳으로 1차 세계대전의 시발점이 된 오스트리아 황태자가 암살당한 도시이고 나는 그 역사적 현장을 보고 싶었다.

모크라 고라에서 출발하여 보스니아 국경을 넘어 중간에 잠시 쉬었다. 택시 기사가 비셰그라드라는 조그마한 도시에 멈추고 좋은 곳이라며 구경하라고 했는데, 도시 중앙에 강이 흐르고 있는 아름다운 도시였다. 우리에게 비셰그라드는 헝가리에 있는 도시라고 알지만 같은 이름의 도시가 여기에도 있었다.

비셰그라드는 보스니아-헤르체고비나의 작은 도시로 인구는 약 3만 명이다. 드리나강과 접하고 있고 동쪽으로는 세르비아와 국경을 접한다.

이곳은 1961년 노벨문학상을 수상한 이보 안드리치의 소설 『드리나강의 다리』의 배경이 된 곳으로 유명하며, 작품 속에 등장하는 메흐메드 파샤 소콜로비차 다리는 1571년 오스만 제국의 대재상이었던 소콜루 메흐메드 파샤의 명령을 받은 건축가인

이보 안드리치의 동상

미마르 시난에 의해 1577년에 준공되었다. 2007년 유네스코가 지정한 세계문화유산으로 선정된 이래 많은 관광객이 이곳을 찾고 있다.

　원래 이름은 다리를 건설한 사람의 이름을 따서 메흐메드 파사 소콜로비치 다리로 불리는 이 다리는 오스만 제국 시대의 건축과 공학의 발전을 잘 보여주는 건축물로 알려져 있다. 강의 왼쪽 언덕에서 오른쪽 모서리로 접근하는 아치 모양의 램프 4개가 있고, 오스만 제국의 최고 건축가이자 공학자였던 시난의 대표작으로 특유의 우아함과 아름다움을 느낄 수 있다. 1896년 큰 홍수로 난간이 파손되었고, 1차 세계대전 때 아치 3개가 손상되어 1940년에 복구하였고, 2차 세계대전 때 다시 아치 5개가 파손되었으며, 1951년에 복구하였다. 이 다리를 구경하면서 사진을 찍고 있으니 동네 꼬마들이 바라보고 있어 말을 붙여 보니 쉽게 답을 해주었고, 사진을 찍자고 하니 부끄럼 없이 사진 모델이 되어 주어 고마웠다.

　비셰그라드를 떠나 사라예보로 길을 재촉하여 숙소 근방에 택시 기사가 데려다준다. 기사에게 고마움을 표하고 요금을 내니 그도 고맙다고 인사를 한다. 숙소에 들어가 짐을 풀고 사라예보를 구경하러 나갔다.

드리나 강 다리

드리나 강 건너 편 풍경

조용한 시내의 모습

사라예보는 보스니아-헤르체고비나의 수도로 인구는 약 오십만 정도이고, 보스나 강의 지류인 밀야츠카강이 시내를 흐른다. 그리스도교와 이슬람교의 문화권이 접하는 곳에 있어 그리스도교와 이슬람교의 건물이 뒤섞인 광경을 엿볼 수 있는 발칸반도의 주요 도시 중 하나로, 1461년 오스만 제국에 의해 세워진 이래로 긴 역사를 자랑한다. 1914년 6월 오스트리아-헝가리 제국의 프란츠 페르디난트 황태자가 암살되어 1차 세계대전의 시발점이 된 사라예보 사건으로도 유명하다. 시내를 흐르는 밀야츠카 강변에는 이 사건을 기념하는 작은 박물관이 있고 시내에는 이슬람풍의 거리와 시장, 다수의 모스크, 성당 등이 있다. 또한 이곳이 우리나라에 잘 알려진 것은 1973년 4월 개최된 세계탁구선수권대회에서 우리나라가 여자단체전에서 우승하여 처음으로 한국탁구가 세계제패를 이룬 곳이기 때문이다.

가장 중요한 1차 세계대전의 시발점이 된 암살의 현장이 궁금하여 먼저 사라예보의 구시가지로 발길을 옮겼다.

1차 세계대전의 시발점이 된 사라예보 사건이 일어난 현장으로 가는 도중에 GAZI HUSREV-BEG BEZISTAND란 건물이 있었다. 베지스탄이란 시장이란 뜻인데, 이 시장은 1555년에 가지 후스레브란 관리를 기념하기 위해 만들어졌다고 한다. 전통적인 이슬람의 시장으로 여러 가지 상품과 기념품을 판매하고 있으며, 이스탄불의 그랜드 바자르와 비슷한 형태지만 규모는 훨씬 작다. 그 대신 아주 정감이 가는 시장으로 한가하게 이 시장을 거닐며 구경을 하는 것도 재미있다.

시장이 끝나가는 곳에 Gazi Husrev Bey Mosque가 있다. 이 모스크는 1521년부터 1541년까지 보스니아를 통치한 Gazi Husrev Bey를 기념하기 위해서 지어진 모스크이다.

사라예보 사건 Assassination of Sarajevo 은 1914년 6월 28일 오스트리아 황태자 부부가 사라예보에서 세르비아계의 학생인 가브릴로 프린치프에게 암살된 사건으로 1차

GAZI HUSREV – BEG BEZISTAND의 입구

보스니아&헤르체고비나 Bosnia And Herzegovina

올드타운 시장 거리의 풍경

Gazi Husrev Bey Mosque

그 당시의 건물을 지금은 박물관으로 만들어 놓았다.

역사의 현장 라틴 다리

세계대전이 시작되는 계기가 된 사건이다. 1914년 6월 28일 일요일, 오스트리아의 황태자 프란츠 페르디난트 대공과 부인 조세핀은 사라예보를 방문했다. 그러나 그날은 세르비아 왕국이 오스만 제국에 패한 코소보 전투가 벌어진 치욕의 날이라 세르비아인들의 반감은 더욱 커진 상태로, 세르비아계 민족주의자들의 비밀결사인 '검은 손'은 이들에 대한 암살을 계획하고 실행에 옮겼다. 보스니아의 사라예보에서 열린 오스트리아 육군 대연습을 참관하고 돌아가던 길에 황태자와 부인은 총을 맞아 즉사하였고 범인은 그 자리에서 체포되었다. 이를 세칭 '사라예보 사건'이라 한다.

역사의 현장에서 나는 무엇을 보았을까? 지나간 시간은 누구도 되돌릴 수 없다. 다시 그때의 시간이 되었음을 생각하고 그때의 장면을 상상하자. 영화나 여러 자료에서 그 장면을 보았는데 젊은 청년들의 애국심에 무어라 말을 할까? 아무런 말도 할 수 없다.

사라예보의 구시가지는 기대를 훨씬 뛰어넘는 즐거움이 있다. 거리를 천천히 거닐면서 시장을 구경하는 재미가 적지 않으며 사라예보에서 보아야 하는 관광지 대부

Sebilj Fountain

보스니아&헤르체고비나 Bosnia And Herzegovina

올드타운 거리의 상점과 풍경

원래는 요새의 벽이나 지금은 아름다운 해넘이 전망대

분이 밀집해 있다. 거리가 소란스럽거나 혼잡하지 않고 가게의 모양도 아주 특이하고, 특히 가게 바깥에 손님들이 앉아서 쉴 수 있게 장치해 놓은 것이 아주 특이했다.

해넘이를 구경하려고 전망대로 갔다. 이곳은 원래 사라예보 구시가지의 방어벽이 있었는데, 지금은 해넘이 때 사라예보를 바라보는 아름다운 풍경을 즐기려고 많은 사람이 해 질 무렵 이 요새의 벽에 오른다. 사라예보 시내를 일망무제로 볼 수 있는 곳으로, 다행히도 나는 시간에 맞추어 올라가 아름다운 해넘이를 보았다.

이 전망대에서 내려오니 밤이 되었다. 사라예보 구시가지의 야경을 보면서 숙소로 돌아가서 휴식을 취하고 다음 날 모스타르로 향할 것이다.

전망대에서 보는 해넘이 모습

모스타르 다리의 도시

모스타르 Mostar 는 보스니아-헤르체고비나의 서부, 헤르체고비나 지방에 있는 인구 약 십만의 조그마한 도시로 모스타르는 '다리의 수호자'라는 뜻이다. 헤르체고비나의 수도였으며, 아드리아해로 흘러드는 네레트바강 연안에 위치한다. 중세 건축물이 많으며, 로마 시대의 성城, 1556년 건설된 다리, 오스만 제국 시대의 이슬람교 사원 등이 유명하다. 오스만 제국의 지배를 받던 동안에 건설된 다리가 지금은 모스타르의 상징물 중 하나가 되었다. 다리는 1993년 11월 9일 10시 15분 보스니아 전쟁 기간 동안 크로아티아 방위 평의회 부대에 의해 파괴되었다. 1995년까지 모스타르의 모든 다리가 파괴되고, 오스만 시대의 모스크도 모두 파괴되고 하나만 남아 있는 완전히 폐허가 된 도시였다.

그 뒤 대규모의 국제적인 원조로 구시가지는 대부분 복구되었으나 아직도 많은 곳이 유령의 도시처럼 남아 있다. 아직도 보스니아와 크로아티아 두 국가의 시스템이 공존하는 도시로 통일성이 부족하여 혼란에 빠진 도시처럼 보이나, 이슬람과 기독교가 공존하는 장소로 잘 알려져 있다.

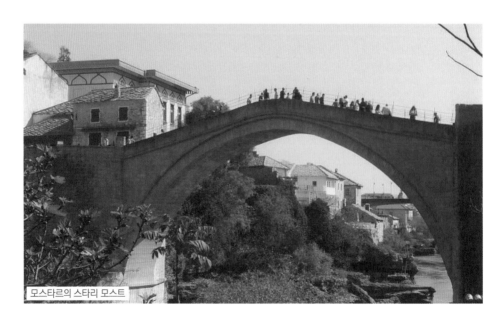

모스타르의 스타리 모스트

모스타르 시내의 모습

수많은 사람들이 다리를 건너는 모습

버스를 내려 시내를 계속 걸어가면서 주변의 경치를 보고, 사람들이 살아가는 모습을 보는 것이 내가 추구하는 여행의 즐거움이다. 차를 타고 목적지에 휙 가서 잠깐 구경하고 또 차를 타고 떠나는 것은 진실한 여행이 아니라고 나는 항상 생각한다. 모름지기 여행이란 그곳에 사는 사람들의 생활을 함께 느껴보며 그들의 삶의 모습을 볼 수 있어야 한다. 그러려면 시간을 가지고 걷는 것이 제일 좋은 방법이다.

계속 걸어 도착한 곳이 바로 모스타르의 상징이고, 수많은 사람이 이것 하나를 보기 위해서 모스타르에 오는 스타리 모스트이다.

보통 스타리 모스트 Stari Most 로 알려진, '모스타르 옛 도시의 다리' Old Bridge Area of the Old City of Mostar 는 헤르체고비나 지방 모스타르에 있는 다리로, 모스타르라는 도시 이름도 '다리의 수호자, 또는 오래된 다리'라는 뜻이다. 스타리 모스트는 1566년 오스만 튀르크 점령 때 폭 5m, 길이 30m, 높이 24m로 9년에 걸쳐 건설되었는데, 북동쪽과 남서쪽에 탑이 2개 있는 아치형 다리로 돌로 만들어졌다.

다리 아래로 네레트바강이 흐르며, 다리를 사이에 두고 보스니아와 헤르체고비나가 있다. 1993년 잔혹한 인종 청소로 알려진 보스니아 내전으로 다리와 옛 도시 거의 모두가 파괴되었다가 2004년에 복구되었다. 이 다리가 유명한 이유는 모스타르의 이슬람 지구와 기독교 지구를 이어주는 다리이기 때문이다. 모스타르 옛 시가지의 다리는 오늘날 국제적인 협력과 다양한 문화적, 민족적, 종교적 공동체의 공존과 화해의 상징이다. 아직도 이 다리의 끝에는 '93년을 기억하라 Don't forget 93 '라는 문구가 새겨져 있지만 지금 이 다리는 전쟁의 상흔을 치료하고 관광객을 끌어모으고 있다. 다리 하나에 전 세계의 관광객들이 이 모스타르에 모여든다. 다리 위에서 강으로 다이빙하는 젊은이들로 전 세계의 구경꾼을 끌어들이고 있었는데, 요즈음은 여기도 상술이 접목되어 구경꾼에게 적당한 돈을 받고 강으로 뛰어든다. 2005년 유네스코에서 세계문화유산으로 지정하였다.

네레트바강의 모습

다리를 건너 2층에
전쟁의 아픔을 보여주는 조그마한 박물관

'93년을 기억하라'라는 표지

보스니아&헤르체고비나 Bosnia And Herzegovina

식당의 입구

주변의 다른 다리 모습

강가에서 보는 스타리 모스트

다리 양옆에는 다리를 조망하기 좋은 곳에 카페와 음식점이 즐비하게 늘어서 있다. 그 중에서 가장 전망이 좋아 보이는 곳에 앉아서 맥주와 와인을 곁들인 점심을 먹으면서 다리의 풍경을 즐겼다.

이 스타리 모스트 주변을 돌아다녀 보면 소소하게 아름다운 광경이 눈에 들어온다. 다리 양쪽에 늘어서 있는 싸구려 기념품.가게와 카페, 식당들도 아름답게 보이고, 길을 돌아 강으로 내려가면서 보는 풍경은 스타리 모스트보다 더 아름답다. 워낙에 스타리 모스트가 유명하다 보니 다른 것은 거의 무시되고 있는 느낌이지만 여유를 가지고 주변을 완상하면 더 많은 것을 보고 즐길 수 있다.

스타리 모스트를 구경하려고 아침 일찍부터 사라예보에서 출발하였으나 바로 오는 버스가 없어서 중간 기착지에서 버스를 갈아타고 와서 시간이 좀 걸렸다. 이곳에 오기 전에 숙소를 상당히 고민하였는데, 여기는 크로아티아와 아주 가까워서 한 곳에 숙소를 정하고 곳곳을 버스로 이동하여 구경하기로 하고 숙소를 메주고리예로 정했다.

그래서 지금부터 메주고리예를 향해 간다.

포치텔 한가하게 여유로운 마을

메주고리예에 베이스를 정하고 며칠을 주변을 돌아다닐 예정으로, 처음 계획은 메주고리예에 왔다가 모스타르에 가려고 했는데 메주고리예를 오는 도중에 모스타르를 이미 갔다 왔다. 그러다 보니 하루를 번 셈이 되어 시간적 여유가 생겼다. 오랜 기간의 여행이기에 한가로이 여유를 즐길 수도 있지만 여행을 다니면서 하루 종일 한가로이 휴식으로 보낼 수는 없다. 그래서 주변을 검색해 보니, 우리에게는 생소한 포치텔 Pocitelj 이라는 옛 성의 유적지가 있다고 나온다. 메주고리예에서 멀지 않은 곳이라 여기를 다녀오고, 오후에 메주고리예를 둘러보기로 하였다.

포치텔은 모스타르의 남쪽에 인구가 약 400명 정도의 작은 마을이다. 그러니 버스편도 제대로 있지 않아서 버스 정류장에서 노선을 묻고 있으니 어느 나라에나 있는 호객꾼이 나타나서 자기 차로 데려다주겠다는 것이다. 요금을 흥정하니 적당하여 조금은 허름하게 보이는 승용차를 타고 갔다. 거리가 그렇게 멀지 않아 약 30분 정도 걸려 도착해서 처음 본 풍경은 '와!' 하는 감탄사가 나오는 곳이었다. 이런 곳이 우리에게 전혀 알려지지 않았으니……

포치텔 요새의 전경

한적하고 조그만 기념품 가게

요새 안내도와 설명판

요새를 돌아볼 수 있게 옛부터 만들어 놓은 돌길

멀리 보이는 가브라 카페탄 타워

　오스만 시대의 요새 마을인 포치텔은 보스니아-헤르체고비나에서 가장 완전한 건축물의 앙상블을 보여 주는 곳이라 한다. 가파른 바위투성이에 감싸인 이곳은 금방이라도 무너질 듯해 보이는 돌로 지붕을 인 집들이 계단을 따라 빽빽하게 들어서 있다. 1563년에 건립된 하지 알라냐 모스크는 파괴되었다가 다시 완전히 복원되었으나, 시계탑의 종은 1917년부터 누가 어디로 가져갔는지도 모르고 탑만 남아 있다. 가장 상징적인 건축물은 반쯤은 폐허로 남아 있는 요새의 팔각형 가브라 카페탄 타워다. 제법 걸어서 가장 위쪽 성곽 요새로 올라가서 보는 포치텔의 경치는 우리를 잠시 숨이 막히게 한다.

　길을 따라 올라가면 지금도 사람이 사는 집들이 많이 보이며, 가끔은 주민들이 보이기도 하였다. 4월이었는데 벌써 등꽃이 아름답게 피어 있고, 여러 가지 꽃들이 주변을

무슬림 지역 학교

시계탑

요새의 여러 모습

가브라 카페탄 타워로 가면서 보는 풍경

밝히고 있었다. 물질의 욕심에서만 벗어날 수 있다면 삶의 여유를 즐기면서 아름답게 편안한 마음으로 인생을 살아 보기에 적합한 곳이라는 생각이 들었다.

마을의 꼭대기로 올라가니 내가 생각했던 것과는 전혀 다른 풍경으로 요새 맨 위에는 도로가 나 있는 것이다. 그리고 뒤편에는 마을이 제법 크게 형성되어 있었고 자동차도 다니는 길이 펼쳐졌다. 그 마을 주민들이 보여 간단히 인사를 하니 무어라 안내하는데 알아들을 수가 없어서 그냥 고개만 끄떡이고 공감을 표했다.

마을의 꼭대기에서 보면, 저 멀리 강이 이 마을을 돌아 흐르는 모습이 보인다. 아마도 저 강을 바라보며 적의 침입을 방어하기 위해서 이 요새를 건설한 것으로 보인다. 요새 위에서 한참을 구경하다가 저 멀리 보이는 가브라 카페탄 타워로 발길을 돌린다.

요새 벽을 따라 걸어가면 요새의 여러 모습을 보게 되며, 요새의 구조를 설명한 도판이 곳곳의 벽에 걸려 있다. 타워는 아마도 망루 같은 것으로 여겨졌다.

아마도 이 주변 국가에는 제법 잘 알려진 곳인지 내가 생각한 것보다 많은 관광객이 있었고 젊은이들도 많이 보였다. 이 성벽에서 어린 소녀들이 모여 앉아 간식을 먹

가브라 카페탄 타워의 외부와 내부

마을 입구에 있는 요새의 벽

으며 자기들끼리 이야기를 나누고 있었다.

　타워를 내려와서 마을 입구로 가니 요새의 벽이 이어져 있다. 멀리 보이던 강까지 원래는 이어져 있던 것이었는데, 지금은 중간은 도로가 나서 유실되고 그 흔적만 보여 주고 있다. 정류소 쪽으로 가니 카페 겸 식당이 있어 늦었지만 점심을 먹고 여유를 즐겼다.

　뜻하지 않았던 하루의 여유로 아름다운 포치텔을 구경하고 메주고리예로 돌아와서 잠시 쉬다가 메주고리예를 둘러보러 나갔다.

메주고리예 성모 마리아 발현지

메주고리예는 보스니아-헤르체고비나 서남부, 치트룩시에 속한 가톨릭교회 소교구의 명칭이자 교구 내에 속한 마을 이름이기도 하다. 메주고리예는 슬라브어로 '산과 산 사이의 지역'이라는 뜻으로, 실제로 해발 200미터 높이의 산악에 있으며, 교구 전체 인구가 약 4,300명 정도로 지도에도 나오지 않은 한적한 농촌이었으나, 1981년 6월 24일 여섯 아이가 마을 외곽의 크르니카라는 언덕 위에서 성모 마리아를 보았다고 주장해 세계적인 관심을 끌게 되었다.

아이들의 성모 발현 주장을 놓고 다양한 조사가 진행되고 있으나, 현재까지 가톨릭교회의 공식적인 입장은 부정적이다. 현재까지 교황청은 어느 쪽으로도 결론을 내리지 않고 있으며, 신도들의 메주고리예 여행에 대해서는 공식적인 순례는 금하지만, 개인적인 여행은 허락한다는 입장이다. 하지만 가톨릭교회의 공식 입장과는 달리 일반 가톨릭 신자들은 이곳을 성모 발현 성지로 인정하여, 1981년 이후 한해에 약 300만 명이 찾아온다고 한다. 그러다 보니 메주고리예는 비약적으로 발전하여, 순

메주고리예 성당

수한 신앙심보다는 신앙심을 돈벌이에 이용하는 천박한 상술이 뒤섞여 성지라기보다는 세속적인 관광지에 가깝다. 현재 이곳을 방문하는 이들은 성모가 발현했다는 언덕뿐 아니라, 가톨릭과 연관된 다양한 볼거리들을 볼 수 있다.

거대한 교회 입구 광장에는 조각가 디노 펠리치 Dino Felici 의 작품인 평화의 성모상이 서 있다. 왼쪽에는 '고해성사의 사도', '일치의 사도'로 불리는 성인 레오폴도 만딕 St. Leopold Bogdan Mandic 의 상이 있고, 성당 오른쪽 광장에는 커다란 나무 십자가 주위로 기도 장소가 마련되어 있다.

세로로

수많은 고해소에는 우리나라를 포함하여 여러 나라의 국가가 표시되어 있고, 미사는 여러 나라의 언어로 진행된다고 한다.

미사 시간이 촉박하여 해가 있을 때는 사진을 찍지 못하고 미사를 마치고 나오니 어둠이 짙게 깔렸다. 그래도 사진을 찍었는데, 영 마음에 들지 않는다. 평화의 성모상도 찍었는데 보니 사진이 기대하는 것과는 달리 만족스럽지 않았다.

솔직히 말해서 메주고리예는 나에게 어떠한 감동도 주지 않았고 그저 상업자본에 휘둘린 관광지에 불과했다. 그리스나 튀르키예의 수많은 성지와 성전을 보았을 때는 비록 문외한이라도 무언가 가슴을 뭉클하게 하는 것이 있었다. 아니 그뿐만 아니라 내가 이 여행을 하면서 수많은 나라의 성당을 관광하고 심지어는 부활절미사도 참여하였는데, 각 성당에서 올리는 미사는 장엄함이 있어 감동이 있었다. 하지만 메주고리예는 그런 감동이 없었다.

성당을 나와 시내에서 저녁을 먹으면서 주변을 돌아보니 성지라고 하기에는 조금은 부끄럽게 생각되는 완전한 관광지다. 어찌 됐든 나는 이곳에서 몇 날을 보내며 여러 곳을 다녀올 것이다.

내일부터는 크로아티아를 밑에서부터 위로 쭉 올라갈 예정이다. 먼저 갈 곳은 두브로브니크다.

메주고리예 성당 주변의 모습

크로아티아 Croatia

두브로브니크 황홀한 성벽의 도시

   메주고리예에서 아침에 두브로브니크로 갔다가 다시 메주고리예로 돌아오는 여정을 택했다. 보스니아에서 크로아티아로 국경을 넘어갔다가 오는 여정이 좀 번거롭지만 짐을 가지고 이동하지 않는다는 것이 편하기에 일정을 이렇게 짰다. 보스니아와 크로아티아의 국경을 보면 참 이상하게 그어져, 크로아티아의 남쪽과 북쪽이 보스니아에 의해 양단되어 있다. 왜 그렇게 국경이 그어졌는지는 이해할 필요도 없고, 그저 그러려니 하고 다니면 된다.

   아침부터 일기가 그렇게 좋지는 않아 우중충한 하늘에는 금방이라도 비가 올듯하다. 여행 중에 비를 만나는 것은 썩 반가운 일은 아니고, 무어라 해도 햇빛이 비치는 맑은 날이 좋지만 일기를 내 마음대로 조절할 수가 없으니 그냥 따를 수밖에 없다. 메주고리예에서 출발하여 국경을 통과한 버스가 두브로브니크에 내려 준다. 국경을 통과한 버스에서 내려 시내버스를 타고 구시가지로 가는 길은 관광객 거의 모두가 가는 곳이기에 찾아가기는 쉽다.

두브로브니크 구시가지 안내판

두브로브니크 해안

두브로브니크는 달마티아 남부의 아드리아해에 접해있는 역사적인 도시로서, 크로아티아어로 '작은 떡갈나무 숲'이라는 뜻인데, 옛 이름은 라구사였다. 보스니아-헤르체고비나의 네움을 사이에 두고 크로아티아 본토와는 단절되어 있는 두브로브니크는 크로아티아에서 가장 인기 있는 관광도시로, 예로부터 '아드리아해의 진주'라 불렸다. 두브로브니크의 역사는 7세기 라구사 Ragusa 라는 도시를 형성하면서 시작된다. 그 뒤 번창하여 베네치아 공화국의 주요 거점 가운데 하나로 13세기부터 지중해 세계의 중심도시였다. 베네치아 사람들이 쌓은 구시가의 성벽 Stari Grad 은 1979년 유네스코 세계문화유산으로 지정되었다. 1557년 지진으로 인해 심하게 파괴되었지만, 아름다운 고딕, 르네상스, 바로크 양식의 교회, 수도원, 궁전 등이 잘 보존되어 있다. 1945년 유고슬라비아 연방의 일부가 되었다가 유고 연방이 해체되고, 1991년 크로아티아가 독립국이 되면서 현재에 이른다.

유고슬라비아 전쟁으로 인해 이 아름다운 도시도 많은 피해를 입었고, 아직도 그때의 흔적이 곳곳에 남아 있다. 당시 유럽의 많은 지성인이 이곳으로 달려와 인간 방패 두브로브니크의 친구들 의 역할을 해주지 않았다면 이곳은 폐허만 남게 되었을지도 모른다. 1990년 유고슬라비아 전쟁으로 훼손되어 1991년부터 1998년까지 위기에 처한 세

보카르 요새

계문화유산 목록에 등재되어 있다가 국제사회와 유네스코의 협력으로 구시가지 대부분은 복원되었다.

구시가지에서 처음 만나는 보카르 요새는 민세타 요새와 함께 아름다운 요새로 알려졌으며, 15세기 피렌체의 Michelozzi에 의해 지어진 요새다.

필레관문은 1979년부터 유네스코 세계문화유산으로 보호받은 아름다운 도시 두브로브니크로 들어가는 주요 입구로 수 세기 동안 도시를 방어하고 '아드리아해의 진주'로 들어가는 통로 역할을 담당했다. 필레관문은 1471년 건축가 파스코예 밀리체비츠에 의해 건설된 고딕 양식의 석조문으로 사실 두 개의 문으로 이루어져 있다. 15세기에 세워진 내부 문과 1537년에 세워진 외부 문으로, 두 개의 문은 1350년에 팠던 수로 위로 놓인 도개교를 통해 연결되어 있다. 내부 문에 파인 니치 nichi : 장식을 위해 벽면을 오목하게 파서 만든 공간 안에는 구시가의 모형을 손에 들고 있는 이 도시의 수호성인 성 블라이세의 조각상이 있는데, 저명한 종교 조각가 이반 메슈트로비치의 작품이다. 이 필레 관문을 통해서 두브로브니크의 도시 성벽에도 접근할 수 있다. 두브로브니크의 구도시는 크로아티아가 독립을 쟁취하기 위해 투쟁하는 동안 대규모의 손상을 입었는데, 다행히 필레관문은 이 싸움에도 무사히 보존되어 유럽에서 가장 아름다운 도시 중 하나인 두브로브니크의 역사적인 심장부로 들어가는 관문으로 당당하게 서 있다.

"성 블라이세에게 탄원하노니, 신께서 그대의 목의 통증과 다른 불행들을 덜어 주시기를. 아멘."

필레 관문

오노프리오 분수

블라이세 성인상

성 블라이세의 축일인 2월 3일에 내리는 축복으로 두브로브니크에서는 2월 3일 축제를 연다.

오노프리오분수 Onofrio's Great Fo-untain 는 필레관문을 들어서면 스트라둔대로에서 가장 먼저 보인다. 1448년에 오노프리오 데 라 카바 Onofrio de la Cava 가 만들었는데, 중앙에 커다란 돔 모양의 석조물이 있고 그 아래의 16면은 동물과 사람의 입을 표현하고 있으며, 각 면에서 물이 나오도록 설계되었다. 원래는 돔 위에 커다란 큐폴라 cupola : 돔과 같은 양식의 둥근 천장 와 조각상이 장식되었으나 1667년의 대지진으로 파괴되었다고 한다. 규모가 크고 지리적으로도 도시 중심부에 위치해 많은 관광객이 찾는다. 분수의 물은 약 20km 떨어진 리예카 두브로바츠카 Rijeka Dubrovacka 에 있는 우물에서 공급받는데, 둘 사이에 놓인 수로는 크로아티아 최초의 수로이며 당시로서는 물을 공급받는 시설 자체가 획기적이었다. 오노프리오가 설계한 또 다른 작은 분수가 중앙로인 스트라둔 Stradun 거리가 끝나는 루자 광장에 있는데, 이것은 우아한 돌고래가 뛰노는 모양으로 장식되어 있다.

먼저 성벽을 올라가기로 하고 표를 사니 내가 알고 있는 가격에서 약 50%는 오른

것 같아 결코 만만한 가격이 아니다. 얼마 지나지 않은 시간인데 가격이 너무 급격하게 올라 성벽을 도는 사람들이 많지 않아서 분잡하지 않은 점은 좋았다. 뒤에 많은 한국 사람을 스트라둔 거리에서 만났는데 모두 가격이 비싸 성벽 걷기를 포기한 것 같아서 안타까웠다. 여기까지 와서 두브로브니크의 백미인 성벽 걷기를 안 하다니……

유럽 각지의 여행자들은 '성벽 위 걷기'를 위해 성곽 마을을 찾는다. 성벽에 오르면 아드리아해가 일망무제로 펼쳐진다. 성벽 걷기는 단순히 걷기 체험만으로 가치가 있는 것은 아니다. 유럽의 고성들이 대부분 오래된 유적들로 채워진 것과 달리 두브로브니크 성의 구시가지는 일상의 삶이 고스란히 배어 있다. 골목골목마다 우리가 사는 모습이 그대로 나타나서, 과일 시장이나 주민들의 단골 이발소, 채소 시장, 잡화점, 정육점들을 마주치게 된다. 구시가지의 성벽 밑에서 꼬마들이 공을 차는 모습도 어느 동네의 풍경이다. 이 맛을 느끼는 것이 성벽 걷기의 참 맛이다.

두브로브니크의 성벽은 유럽에서 가장 아름다우며 가장 강력한 요새에 속한다. 10세기에 건설되어 수 세기에 걸쳐 증축하거나 보완하여 현재 성벽 모습의 기초를 이루었고, 19세기에는 성벽을 더욱 견고하고 두껍게 보완하였는데, 도시 전체를 원형으로 감싸고 있는 성벽의 총길이는 1,949m이며 최고 높이는 6m, 두께는 1.5~3m나 된다. 성벽은 두브로브니크의 역사와 중세 시대 성벽을 한눈에 보여주는 최고의 관광지이며 전 세계의 관광객을 끌어모으는 가장 인기 있는 산책길이다.

두브로보니크 성벽

성벽에는 두 개의 탑과 요새가 있다. 탑은 민세타 Minceta 탑과 보카르 Bokar 탑이고, 성벽의 동남쪽에 있는 주 출입구는 아주 웅장하며 필레게이트 Pile Gate 왼편에 있다. 아드리아 해안과 두브로브니크의 구시가지를 모두 조망할 수 있는 경관이 빼어난 곳이다.

'뮬로탑'이라고도 불리며 구시가지의 남동쪽에 있는 '요한 요새'는 구시가지의 요새 중 가장 처음으로 1346년에 도시로 들어오는 입구를 차단하고 도시를 보호하기 위해 세운 중요한 요새로 16세기에 완공되었다. 14세기에 건설된 탑은 2세기 동안 보강되고 증축되어 지금과 같은 반원형의 모습을 갖추게 되었다. 지금은 1층은 수족관, 2~3층은 해양박물관으로 사용하며 박물관은 두브로브니크의 발전된 항해술과 조선 기술에 대한 자료를 소장하고 있다.

성벽 북쪽에 있는 민세타 요새는, 두브로브니크 구시가지에서 가장 크고 아름다운 요새로 유명하다. 요새는 훌륭한 건축가들의 합작품인데, 1319년 니치포르 라니나 Nichifor Ranjina 에 의해 처음 건축되었고, 뒤에 다른 건축가들이 이곳에 덧붙여 현재와 같은 모습을 갖추게 되었다. 마지막으로 요새는 피렌체의 건축가인 미켈로조 미켈로

성요한 요새(St. John's Fortress)

민세타 요새

성 사비오르 성당 | 두브로브니크의 붉은 지붕의 집들

지 Michellozzo Michellozzi 와 조각가 유라이 달마티나체의 손을 거쳐 1464년에야 완공되었다. 크로아티아 르네상스 시대의 걸작으로 꼽히는 요새 내의 탑에서는 아름다운 도시 경관이 내려다볼 수 있다.

　요금이 비싸져서 그런지 성벽을 도는데 사람이 많지 않아 한가롭게 일주했다. 예전에는 주말이면 사람에게 밀려서 갔다고도 하는데 오늘은 참 한가로웠다. 성벽을 돌면서 한국인은 보지 못했고 외국인은 제법 보았는데 내려와서 거리를 구경하니, 한국인이 왜 그렇게 많이 보이는지……

　성벽 돌기를 마치고 성안에서 제일 먼저 간 성 사비오르 성당은 아쉽게도 폐쇄되어 있었다. 한여름에 정해진 때에 성당 안에서 콘서트를 한다고 하지만 내가 간 때는 봄이었다. 어쩔 수 없이 건물의 겉모양만 보고 발걸음을 돌린다.

프란체스코 수도원의 유명한 피에타 상

너무 아름다운 수도원 내부

프란체스코 수도원은 구시가지 스트라둔 거리의 성 사비오르 성당 옆에 길게 늘어서 있다. 1317년에 세워진 원래의 수도원은 당시 두브로브니크에서 가장 훌륭한 건축물이었으나 1667년 대지진으로 많이 파괴되었다. 고딕 양식의 남쪽의 커다란 현관 위에 있는 피에타 조각상은 이 지역 최고의 페트로비츠 형제가 제작했다. 1667년 대지진으로 많은 조각상이나 부조가 훼손되었는데 이 피에타 조각상은 조금도 훼손되지 않았다고 한다. 내가 여행하면서 많은 곳에서 피에타상을 보았지만, 이 피에타상을 보는 순간 숨이 탁 막히며 멍하게 바라볼 수밖에 없었다. 사람에 따라 느끼는 감동은 다 다르겠지만 나에게 무어라 말할 수 없는 감동을 주었다. '이런 감동을 어디서 느껴보았을까?' 하고 생각하니 약 30년 전에 서산 마애 삼존 불상을 볼 때 햇빛이 비치는 부처님이 나에게 웃고 있는 모습으로 보이던 그 감동이었다. 성당과 수도원 사이의 좁은 골목으로 들어가면 옛날부터 약 제조로 유명했고 지금은 제약 박물관으로 이용되고 있는 곳을 본다. 가장 먼저 보는 곳은 1317년에 문을 연 약국으로 유럽에서 손가락 안에 드는 전통 있는 약국이다. 박물관에는 중세 시대의 약 제조에 관한 역사는 물론 기구나 방법 등에 관한 소중한 자료가 전시되어 있다. 수도원의 도서관에는 고대의 원고, 귀중한 단행본, 손으로 일일이 쓴 원고, 보물급 공예품 등 수많은 작가

약국의 내부 회랑

곳곳에 보이는 프레스코

루자 광장 전경

루자 광장 표지

와 역사가의 작품 및 방대한 도서를 소장하고 있다. 이곳에서는 지금도 아이 크림이 나 입술 보호제, 스킨 등의 화장품을 저렴하게 구매할 수 있다.

스트라둔 거리 동쪽 끝에 있는 루자 광장에는 스폰자궁, 성 블라이세 성당, 렉터 궁 전, 대성당 등이 이어져 있다. 광장에는 1444년에 세워진 높이 35m의 종탑이 있고, 이 주변의 길거리에 많은 카페가 있는데 내가 몇 번을 지나가면서 보니 많은 카페에 한국의 단체 관광객이 앉아 있는 모습이 눈에 보인다. 모두 성벽 돌기는 투어 경비 에 포함되지 않아서 포기하고 삼삼오오 앉아서 맥주잔을 기울이고 있었다. 왜 이런 여행을 하는지 참 의문이 들면서, 투어를 따라다니는 여행의 한계 같아서 아쉬웠다.

다양한 이름으로 불리는 '성 블라이세'는 두브로브니크에서만 사용하는 애칭으로, 이 지방 방언으로는 블라호 Vlaho 라고도 하며, 축제 행사를 찬양하는 이름은 '블라시 치 Vlasići '이다. 서기 3세기경 카파도키아 Cappadocia 세바스테 Sebaste 의 주교이자 의

사로 활동했던 성 블라이세는 287년 디오클레티아누스 치하에서 순교했다 혹은 316년 리치니우스 치하라고도 한다. 성 블라이세가 순교한 날을 2월 3일로 추정하여 이날을 중심으로 큰 축제를 연다.

도시의 수호성인으로 추앙받는 성 블라이세에게 헌납된 성 블라이세 성당은 스트라둔 Stradun 거리 동쪽 루자 광장에 위치하며, 입구 위에 그의 조각상이 서 있다. 1368년에 건립되었으나 1667년 대지진 때 파괴되었고 지금의 바로크 양식 건물은 1706년에 시작하여 1717년에 완공되었으며, 베네치아의 건축가인 마리노 그로펠리 Marino Gropelli 가 지은 도시의 가장 핵심 되는 건물로 도시인들이 사랑하는 장소이기도 하다. 정면 계단은 도시의 주요한 행사인 새해 전날 행사 또는 여름 페스티벌의 오프닝 등이 개최되는 중요 무대라고 한다.

롤랑의 기둥

성 블라이세 성당

이 성당 앞에는 중세 유럽의 최대 서사시인 '롤랑의 노래' 주인공이 서 있다. 롤랑이 들고 있는 칼은 천사가 하사했다는 명검 '듀란달'이다. 롤랑이 사라센족의 침입에서 이곳을 지켰다고 이야기가 전해져 내려와 이곳에 롤랑의 기둥이 세워졌다고 한다.

구시가지의 스트라둔 거리 끝에 있는 루자 광장에 있는 스폰자 궁전은 1516~1522년 해상무역 중심 도시국가 라구사 공화국 Ragusa Republic 의 모든 무역을 취급하는 세관으로 지었다. 3층 건물은 당시 두브로브니크에 지배적이었던 후기고딕 양식과 르네상스 양식이 혼재된 건축물로 필레 문을 건설한 건축가 파스코예 밀리체비치의 또다른 작품이다. 커다란 직사각형 형태로 되어 있으며 우아한 아케이드, 기다란 고딕 양식의 창문 등이 특징이고, 특히 1층의 6개 열주로 된 지붕이 매우 아름답다. 현관과 건물의 조각 장식은 안드리지치 Andrijić 형제가 만들었으며, 1667년의 대지진에도 손상을 입지 않은 채 본모습이 보존된 두브로브니크에서도 아름다운 건물로 꼽힌다. 현재 매년 두브로브니크 여름 축제의 개막식이 열리며, 전체적으로 두브로브니크의 역사적 자료를 보관하고 있다.

렉터 궁전은 두브로브니크 행정의 중심 건물로 통치자의 집무 공간으로 사용된 궁전이었다. 원래의 궁전이 1435년 첫 번째 화약 폭발로 파괴되어, 오노프리오 데 라 카바가 후기 고딕 양식으로 재건축했다.

그 뒤 다시 폭발을 겪으면서 초기 르네상스 양식이 혼합된 아름다운 건축물이 되었다가 전쟁의 총격으로 심하게 부서지고 1667년 대지진으로 건물이 심각하게 훼손된 후 17세기에 바로크 양식으로 보수되었다. 궁전 정면에는 기둥이 늘어서 있고 교회

스폰자 궁전

렉터 궁전

의자처럼 장식한 석조 벤치가 놓여 있다. 내부에는 아름다운 정원이 조성되어 있는데, 두브로브니크 여름 축제 기간에는 이곳에서 클래식 음악회가 열린다고 한다. 현재는 시 박물관으로 사용하는데 라구사 공화국 Republic of Ragusa 시절의 유물들을 전시하고 있지만 사진 촬영을 엄격하게 금지한다.

7세기에 비잔틴 양식으로 처음 세워져 성모승천 대성당으로 불린 대성당은 12세기에 로마네스크 양식의 성당으로 재건축되었는데, 이때의 성당은 영국의 사자왕 리차드 1세가 기부하여 지어졌다 한다. 1667년 대지진에 의해 완전히 파괴되자 1672년부터 1713년까지 두 명의 이탈리아 건축가가 로마-바로크 양식으로 재건축하였는데 가운데 돔 모양의 지붕이 높이 솟아올라 있어 아름답다. 두브로브니크의 수호성인으로 추앙받는 성 블라이세 St. Blaise 의 유물을 포함한 수많은 보물이 있는 것으로 유명하며 금으로 된 작은 보석 상자에는 그의 유골과 발이 보관되어 있다.

성당 외부는 고급스러운 회색으로 되어 있고 성인들의 조각상으로 장식되었다. 성당 내부에는 라파엘로의 '옥좌 위의 마돈나'와 티치아노의 '성모승천'이 있다.

두브로브니크 올드 항구는 구시가지에 있는 항구로 수심이 깊어 대형 선박과 크루즈가 정박한다. 두브로브니크에서 가장 인기 있는 휴양지인 로크룸섬 Lokrum Island 으로 향하는 배를 탈 수 있는 곳으로, 옆에는 해양박물관이 있고 이는 성벽의 동쪽과 연결되어 있다.

구시가지는 크지 않아 몇 번을 오가며 구경하면서 즐기다 보니 어느새 시간이 제법 지나서 올드 항구에 있는 제법 고급스러운 레스토랑에 앉아 점심을 먹으며 바다를 구경하니 비가 내리고 있다. 하루 종일 비가 오다가 그치기를 반복하기에 비 내리는 항구에서 바다를 바라보며 한가롭게 식사하는 것도 흥취가 있다.

점심 식사를 마치고 스트라둔 거리를 벗어나 바깥으로 나가 먼저 간 로브리예나츠 요새는 구시가지 서쪽의 성벽 밖에 있는 요새로 서쪽에서 침입하는 베네치아로부터 도시를 방어할 목적으로 아드리아해를 바라보는 절벽 위에 건설되었다.

대성당

두브로브니크 올드항구

로브리예나츠 요새 전경

요새에서 보는 두브로브니크 구시가지 성벽

요새 내부

1018년에 건축을 시작하여 16세기에 완공했으며 높이 36m, 성벽의 두께는 4-12m에 달한다. 요새는 총 3층 구조이며 1층은 도개교를 통해 곧바로 바다와 연결된다. 요새의 내부 장식은 유럽에서 가장 기품 있는 것으로 알려져 있으며, 오늘날에는 두브로브니크의 유명한 여름 축제 기간에 공연과 콘서트가 열리는데 특히 셰익스피어의 햄릿이 공연되는 것으로 유명하다. 요새의 맨 꼭대기에 올라 바다와 도시를 조망할 수 있으며 매일 오전 10시에서 일몰까지 개방한다.

군들리체바 폴랴나광장에는 군들리치 기념비가 있다. 17세기 유고슬라비아의 극작가로 두브로브니크 문학을 대표하는 이반 군들리치는 이탈리아 르네상스의 영향으로 인생을 긍정하는 사상을 바탕으로 작품을 썼다. 받침대에 그가 쓴 '오스만'의 장면이 새겨져 있다.

시 청사 앞에 16세기 크로아티아 최고의 극작가인 마린 드로지치 동상이 있는데, 동상을 만지며 소원을 빌면 이루어진다는 이야기가 전해져 무릎, 발이 반질거린다.

두브로브니크 구시가지는 참 평화로운 곳으로 거리를 따라 걸으면 작은 동화 속의 도시를 걷는 기분이 든다. 좁은 골목마다 사람들이 살고 있고, 그 사람들이 시대를 뛰어넘어 사는 것과 같이 느껴지는 곳이다. 그렇다고 비밀스러운 곳은 아니다. 매일 수많은 관광객이 모여 멋진 풍경에 취하고, 사진을 찍기에 여념이 없다.

이곳의 성벽은 누구든지 한번은 걸어 보아야 하는 흥취가 있는 곳이다. 두브로브니크에 처음 왔거나 아니면 여러 차례 왔더라도, 스트라둔 거리를 보면 놀라지 않을 수 없다. 반짝거리는 대리석에 싫증을 내는 사람은 없을 것이다.

군들리체바 폴랴나 광장에 있는 군들리치 기념비

크로아티아 Croatia

시 청사 앞의 마린 드로지치 동상

어디인지 생각이 나지 않는 입구의 조각

구시가지 골목길

1990년 내전으로 인해 구시가지가 훼손되기도 했으나 지금은 유네스코 세계문화유산에 등재되어 아름다운 해안 도시의 모습을 되찾았다.

버나드 쇼와 미야자키 하야오가 사랑한 도시 두브로브니크에서 마음의 풍요와 평화로움을 즐기자.

거리에 늘어서 있는 카페

스플리트 Spilt   황제가 휴양처로 정한 도시

　메주고리예에서 스플리트로 가기 전에 시내를 좀 더 구경하고 시간에 맞추어 버스를 타고 긴 여행을 시작한다. 이번 여행에서 버스를 탈 때마다 느끼는 것이 우리나라의 교통수단이 참 잘 발달해 있다는 것이다. 스플리트까지는 우리나라 같으면 2시간도 안 걸릴 거리인데 약 4시간이 더 걸리지만, 아름다운 아드리아해의 해안을 따라가면서 매혹적인 풍경을 보여주기에 버스 차창으로 경치를 즐기면서 지루한 줄을 모르고 가니 어느새 스플리트에 도착한다.

　스플리트에 도착하여 먼저 숙소를 찾아가 짐을 내려놓고 시내로 나갔다.
　달마티아 Dalmatia 의 중부에 있는 스플리트는 아드리아해와 마주하는 크로아티아 제2의 항구도시로 약 25만 명이 거주하며, 수도 자그레브 다음으로 큰 도시다. 스플리트는 기원전에 그리스인의 거주지로 건설되었다가, 그 후 로마 황제 디오클레티아

디오클레티아누스 황제의 궁전

누스가 황제 자리에서 물러난 후 305년 이곳에 거대한 궁전을 지어 머물면서 본격적으로 도시로 발전하였고, 여러 시대를 거치면서 궁전은 비잔틴, 고딕 양식 등의 화려한 모습으로 바뀌었다. 1차 세계대전이 끝난 후 스플리트는 중요한 항구도시로 개발되어 근대적인 항만시설이 갖추어졌고 달마티아 지방의 중심지로 발전하였다. 2차 세계대전 때는 다행히도 폭격받지 않아 귀중한 유적들이 무사히 보존되었다. 스플리트는 전통과 현대가 조화를 이루고 있으며, 스플리트 역사 지구 및 디오클레티아누스 왕궁이 1979년 유네스코 세계문화유산에 등재되어 여행객들로 항상 붐빈다. 기후가 온화하고 디나르 알프스산맥과 아드리아해가 조화를 이룬 경치가 아름다워 휴양지로도 유명하다.

스플리트는 역사 지구에 3~4세기에 건축된 디오클레티아누스 왕궁, 중세 요새, 로마네스크 교회 등이 잘 혼재된 역사 도시인데, 특히 스플리트 항구를 마주 보고 있는 디오클레티아누스 왕궁 Gaius Aurelius Valerius Diocletianus 은 로마 후기 건축 양식의 원형이 잘 보존되어 있으며 비잔틴 및 초기 중세 예술형식을 갖고 있어 건축사 측면에서도 중요성을 띤다.

3세기 말 후기 로마제국의 디오클레티아누스 황제는 이곳에서 말년을 보내기 위해 황궁을 건립했다. 295년부터 짓기 시작하여 305년에 완성된 궁전은 높이 25m의 성벽이 둘러싸고, 16개의 탑이 있으며, 4개의 구역으로 나누어져 있었다. 정사각형 모양의 궁전은 삼면은 육지와 이어져 있고, 동쪽에는 '은의 문', 북쪽에는 '금의 문', 서쪽에는 '철의 문'이 있다. 궁전 안에는 열주 광장, 성 돈니우스 대성당, 황제 알현실, 지하 궁전 등이 남아 있다. 스플리트의 초기 역사는 그리스 정착민들에 의해 시작되지만, 가장 주된 역사적 발전은 로마의 디오클레티아누스가 은퇴 후 여생을 보낼 궁전을 스플리트에 건설하면서 시작되었다고 할 수 있다. 이곳은 궁전이라는 이름으로 불리기는 하지만 도시의 심장부 기능을 그대로 하고 있으며, 미로같이 만들어진 좁은 길에는 술집과 상점, 식당이 빼곡히 들어서 있다.

디오클레티아누스 궁전의 안뜰에는 동, 서에 각각 6열, 남쪽에 4열의 열주들이 광

열주 광장

장을 둘러싸고 있다. 열주 광장이라고 불리는 이 광장에 지금은 밤에는 카페가 흥청거리고, 라이브 음악의 공연장으로 이용되기도 한다.

은퇴한 디오클레티아누스 황제는 316년, 이 궁전 안에 있는 팔각형의 영묘 안에서 영원히 잠든다. 7세기에 황제의 영묘는 성 돔니우스에게 봉헌한 대성당으로 바뀌는데, 디오클레티아누스가 초기 기독교 박해로 악명 높은 황제라는 점, 그리고 성 돔니우스가 바로 그 와중에 순교한 성인이라는 사실은 역사의 아이러니가 아닐 수 없다. 팔각형의 평면 설계인 성 돔니우스 대성당의 24개 로마식 기둥과 아치 등은 디오클레티아누스와 그의 황후를 새긴 부조 장식과 함께 그대로 원위치에 서 있다. 이후 13세기에 육각형 설교단과 고대 개선문에서 영감을 얻은 것으로 보이는 종탑이 추가되었다. 성당과 열주 광장 사이에는 1100년에 세워진 높이 60m의 네오 로마네스크 양식의 종탑이 있는데, 1908년에 재건하면서 로마네스크 양식의 조각상은 대부분이 파괴되었다 한다. 내부에는 15세기에 밀라노의 보니노가 제작한 고딕 양식의 돔니우스 제단이 자리하고 있다. 성 돔니우스 대성당은 세계 최고最古의 가톨릭 대성당이지만, 돔니우스의 뼈는 로마의 영묘에 묻혀 있다.

열주 광장에서 아래쪽으로 연결된 가파른 계단을 내려가면 나오는 1960년에 발견된 황제의 궁전 지하는 거의 형태만 남아 있어 옛날의 화려한 내부는 볼 수 없다.

성 돔니우스 대성당 종탑

황제의 영묘 입구에 있는 스핑크스

지하 궁전 입구

　디오클레티아누스 궁전의 서쪽 문인 '철의 문'과 연결된 광장은 나로드니 광장으로 '나로드니'는 '사람'이라는 뜻이다. 14세기에 궁전을 확장하면서 새로운 중심지가 된 보행광장으로 스플리트의 많은 사람이 모이는 주요 광장이지만 유럽의 다른 광장에 비하면 매우 작은 편이다. 바닥은 흰 대리석으로 포장되었으며 지금도 주위에는 카페와 레스토랑들이 들어서 있어 저녁이 되면 활기찬 모습을 볼 수 있다. 광장의 가운데에는 15세기에 건축된 3개의 고딕 양식의 아치로 장식된 구 시청 건물이 있는데 지금은 민족 박물관으로 사용하고 있다.

　리바 거리는 스플리트의 중심 거리로, 한쪽에는 아드리아해를 접하고 한쪽에는 디오클레티아누스 궁전을 접하고 있는 최대 번화가 거리이다. 카페와 레스토랑이 줄지어 있고, 야자수가 길의 양쪽으로 늘어 서 있는 거리는 낮에도 번화하지만, 밤이 되면 더 화려하고 아름답게 빛나 수많은 관광객이 거닐면서 분위기를 즐긴다. 밤에 이 거리를 걸어 보는 것도 여행에서는 빼놓을 수 없는 즐거움이다. 분위기 있는 카페에서 맥주를 한 잔 마시며 바다를 바라보는 여유를 즐기는 것이 여행이다.

나로드니 광장

밤의 리바 거리를 구경하고 숙소로 돌아오니 시간이 상당히 늦었다. 내일 플리트비체로 이동해야 하기에 빨리 잠자리에 들어 곤한 잠을 자고, 아침에 일어나니 어제부터 내리던 비가 아직 그치지 않았다. 비를 맞으며 버스 정류장에 가서 플리트비체로 가는 버스표를 구입하고 시간이 남아 스플리트의 채소와 생선을 파는 그린 마켓을 구경하러 갔다.

스플리트는 바다를 접해있기에 생선 시장은 여러 해산물이 많이 있고 가격도 비싸지 않아서 문어와 새우를 구입하여 숙소로 돌아와 삶아 먹으니 여행 중에 맛볼 수 있는 별미였다.

사실 스플리트는 플리트비체로 가는 도중에 잠시 머문 곳이라 처음에는 별 기대를 하지 않고 시간 조절을 위해 머물렀는데, 기대 이상으로 좋은 곳이었다. 시간의 여유를 가지고 이곳에서 한가롭게 머문다면 상당히 즐거움을 가질 수 있는 곳이었다. 우리가 여행하는 목적이 그저 유적이나 아름다운 경치를 보고 지나가는 것이 아니고 여유롭게 휴식을 취하면서 편안함을 즐기는 것이라면, 이 스플리트가 가장 적당한 곳이라는 생각이 들었다.

예전에 시베리아를 횡단하면서 바이칼의 알혼섬에서 느낀 감정을 다시 느끼게 된 곳이다.

해변가에 늘어선 호텔들

리바 거리

밤의 리바 거리

야채 및 꽃 시장

플리트비체 국립공원 신이 만든 자연의 경이

　자그레브 Zagreb 와 자다르 Zadar 의 중간 지점에 있으며, 영화 '아바타'의 배경인 판도라 행성의 모티브가 된 플리트비체 국립공원 Nacionalni park Plitvička jezera 은 크로아티아에서 최초로 1949년에 국립공원으로 지정되었으며, 1979년에는 유네스코 세계자연유산에 등재되었다. 공원은 약 300㎢의 크기로, 수천 년간 물이 흐르며 쌓인 석회와 백악의 자연 댐이 장관을 이루며 층층 계단을 이루고 있는 청록색의 16개의 호수가 크고 작은 90여 개의 폭포로 연결되어 있다.

　표면적으로 드러난 16개의 호수는, 상류 부분에 있는 12개의 호수 Gornja jezera 와 하류 부분에 있는 4개의 호수 Donja jezera 로 나눌 수 있다. 상류 부분에 있는 백운암으로 형성된 계곡의 호수들은 신비로운 색과 울창한 숲이 조화를 이루는 장관으로 우리를 즐겁게 하는데, 우리나라 사람들 대부분은 이곳을 보지 않고 하류 부분만 보고 나간다. 하류 부분에 있는 호수와 계곡들은 아기자기한 느낌을 준다.

입구를 들어서면 저 멀리 보이는 폭포 – 가장 큰 폭포인 Veliki Slap

Veliki Slap 폭포 주변의 풍경

플리트비체 국립공원의 Proscansko jezero와 Kozjak는 가장 큰 두 호수로 전체의 약 80%의 면적을 차지한다. 이 두 호수는 가장 깊은 수심이 각각 37m와 47m인 호수로, Kozjak 호수에서는 관광객의 이동을 위해 전기를 동력으로 하는 배가 다니고 있다. 폭포의 경우 높이가 78m로 가장 큰 폭포인 Veliki slap은 하류 부분 호수들의 끝부분에 위치하며, 그 위에는 플리트비체 강물이 흐른다. 상류 부분의 대표적인 폭포로는 높이 25m의 Galovački buk가 있다.

공원의 상징 동물은 갈색 곰으로 국립공원 내에는 갈색곰을 비롯하여 수많은 곤충과 동물, 희귀식물들이 자생하고 있으며, 약 30개의 동굴에는 종유석이 형성되어 있다.

이 지역은 약 400년 전까지만 해도 알려지지 않은 지역이었는데, 16~17세기에 걸쳐 튀르키예와 오스트리아 제국의 국경 문제로 조사가 이루어지는 과정에서 발견되었다. 처음에는 사람의 접근이 매우 어려워 '악마의 정원'이라고도 불리기도 하였지만, 현재는 크로아티아에서 가장 아름다운 지역 중 한 곳으로, 전 세계에서 매년 약 백만 명 이상이 방문하고 있다고 한다. 더구나 영화 〈아바타〉의 중심 무대로 알려져 요즈음은 더 많은 관광객이 플리트비체의 아름다운 자연을 즐기고 있다.

플리트비체 국립공원을 탐방하는 방법은 여러 경로가 있는데 각각의 경로는 소요되는 시간, 걷는 거리, 국립공원 내에서 이용하게 되는 교통수단 등이 다르다. 플리트비체 국립공원 입구에 표지판으로 각각의 경로에 대한 안내가 되어 있고, 입장표에 작게 국립공원의 전체적인 지도가 그려져 있으며 조금 더 보기 편리한 큰 지도를 관광객에게 팔기도 한다. 짧은 경로는 2~3시간이 걸리고, 긴 경로는 8시간 이상 걸린다. 하지만 경로를 따라가지 않고 발길 닿는 대로 즐기면 된다. 참고로 나는 하루 종일 내 마음대로, 발길이 가는 대로 국립공원에서 즐겼다.

나무로 만들어 놓은 인도교

곳곳에 자그마한 폭포와 소가 보인다. 물이 너무 맑다.

나무로 만들어진 탐방로는 약 18km가 되는 거리인데, 그 인도교를 따라 걸으면서 그저 눈에 보이는 풍광을 즐기면 된다. 탐방로에서는 인도교가 개울 위를 지나기도 하고, 개울의 물이 인도교 위를 지나 흐르기도 하여 매우 상쾌한 산책로로 관람객의 마음을 즐겁게 한다. 플리트비체 국립공원 탐방에는 시간이 얼마나 걸리는지를 알 수가 없으니, 그저 자기가 보고 싶은 대로 보고 만족하면 된다. 봄철에는 풍부한 수량의 웅장한 폭포를, 여름철에는 녹음이 우거진 신비로운 호수를 볼 수 있으며, 가을철에는 고요한 분위기와 단풍의 아름다움을 느낄 수 있어 사시사철 매력 있는 곳이나 아쉽게도 이번 여행에서는 한 계절만을 보고 즐기는 것으로 만족해야 한다.

국립공원 내의 휴게소가 있는 곳에서 사람들은 배를 타고 Kozjak 호수를 건너간다. 투어로 여행하는 사람들은 대개가 여기서 배를 타고 호수를 건너가서 공원 탐방을 마치고 나가는데 플리트비체를 그래도 조금 보고 가는 가장 간단한 코스이다. 내가 간 날에도 한국인 단체 관광객이 많이 있었는데, 이 휴게소에서 간단한 음료라도 마시면서 아름다운 경치를 완상하면 좋으련만…… 발칸의 여러 나라는 달러나 유로를 받지 않고 자기 나라 화폐로 바꾸어 오라고 하는 곳이 많다. 왜 그런지는 모르겠으나, 하여튼 받지 않는다. 이곳에서도 자기 나라 화폐만 통용되어 한국의 단체 관광객들은 크로아티아 화폐를 가지고 있지 않았기에 그냥 멍하게 서 있었다. 가이드가 그런 점은 좀 알려 주어 환전해서 왔으면 되는 일인데 싶어 안타까웠다. 음료를 한 잔 사서 마시고 호수 주변을 거닐면서 잠시 휴식을 취하고 배를 기다렸다가 타고 호수를 건넌다.

호수의 물과 하늘의 빛깔이 거의 비슷하게 보일 정도로 날씨도 맑고 좋았고, 우리나라에서 걱정하는 미세먼지도 티끌 하나 없는 푸른 하늘과 오염이 전혀 되지 않아 무어라 표현할 수 없는 빛깔의 호수 물이 조화를 이루어 빛나고 있다.

Kozjak 호수

호수를 건너 배에서 내리면, 단체 관광객이 대부분인 사람들은 거의 다 내려갔지만 나는 하루 종일 탐방을 계획하였으므로 인도교를 따라 위로 올라갔다. 정해진 코스도 없이 그냥 나 있는 길을 따라 걸으며 아름다운 경치를 완상하면서 단체 관광객은 가지 않는 플리트비체의 상류 쪽으로 갔다.

곳곳에 폭포와 소들이 보이는데 소를 이루는 물 색깔이 모두 다르게 보인다. 국립공원 호수의 빛깔은 다양한 색으로 끊임없이 변하는데, 대부

크로아티아 Croatia

상류의 풍경

분은 청록색을 띠지만 물에 포함된 광물, 무기물과 유기물의 종류, 심지어는 햇살의 각도에 따라 다양한 색을 자랑하기에 직접 보지 않고는 그 색을 가늠할 수가 없다. 물의 색은 날씨에 따라서도 달라지는데, 비가 오면 땅의 흙이 일어나 탁한 색을 띠기도 하고, 맑은 날에는 햇살에 의해 반짝거리고 투명한 물빛이 연출되기도 한다. 물의 색이 너무 다르게 보여서 '인도교에서 손이라도 담가볼까?' 했으나 너무나 맑은 물이라 손을 담그는 것이 물을 더럽힐 수 있다고 생각하여 아쉽지만 참았다.

계속 길을 따라 걸으며 경치를 즐기는데, 서양인들은 가족끼리 온 사람들도 보이고 젊은이들이 여러 명 무리를 지어 걷는 모습이 제법 많이 보였다. 자유롭게 자연의 아름다움을 즐기는 모습으로 우리도 이런 여행을 해야 하는데 아직은 그러지 못하니 안타깝게 생각되었다. 여기서 투어를 따라다니는 여행을 하면 제대로 보는 것이 없어 내가 투어 여행을 하지 않는 이유를 또 발견했다.

한 바퀴를 돌고 나오니 어느새 오후 4시경이 되어 이제 공원을 나가야 하는 시간

이 다 되었다. 경치를 즐기다 나온 곳에서 입구까지 간다는 셔틀버스 정류장이 있었지만, 그냥 걸어서 가기로 하고 입구 쪽으로 걸어갔다. 걸으면서 보는 플리트비체는 또 다른 모습이다. 안에서는 숲이 아니라 나무를 보았는데, 외부에서 걸으면서 보는 플리트비체는 나무가 아니라 숲이다. 전체의 모습을 조망하면서 걷는 것도 또 다른 즐거움으로 전체를 조망한다는 것이 또 얼마나 기쁜 일인지를 또 느꼈다.

하루 종일 플리트비체를 걸으면서 즐겼다. 우리가 사는 지구상에는 아름다

상류에서 가장 큰 Galovacki buk 폭포

호수의 물 위에 하늘이 담겼다.

멀리서 보는 플리트비체의 계곡

운 곳이 많다고 하는데 그 아름다운 곳의 대부분은 내가 가보지 않은 곳일 것이다. 그러나 모든 아름다움을 가진 곳은 각자의 가치를 뽐내고 있는 중에서 이 플리트비체의 아름다움은 티 없이 맑고 깨끗한 아름다움이었다. 대개의 명승지라 하면 사람들의 손에 더럽혀져 있는 곳이 많은데 플리트비체는 아직 사람의 손에 오염되지 않은 곳이었다. 물론 더 시간이 지나면 어떻게 되는지는 장담할 수 없지만.

이렇게 깨끗한 자연을 하루 종일 즐겼다는 것만으로도 행복한 하루였다. 숙소로 돌아오니 저녁 시간이 아직 멀어 숙소 주변을 산책하며 돌아보니, 아름다운 자연에 맞추어 마을이 들어서 있는 조용한 곳이었다. 제법 많이 걸어서 일찍 잠자리에 든다. 내일은 자그레브로 가야 한다.

다음 날 아침에 일어나 아침을 먹으려고 식당으로 가니 미국인인데 영국에 지금 살면서 여행을 왔다고 하는 젊은 부부가 인사를 한다. 남자가 자기는 군인인데 공군으로 한국에 근무했다고 해서 내가 그러면 오산에 있었느냐고 물으니 그렇다고 하면서 반갑다고 한다. 잠시 이야기를 나누고 여행 잘하라는 인사를 하고 짐을 꾸려 다음의 목적지인 자그레브행 버스를 타려고 정류장으로 간다.

조감도

숙소로 정한 곳

자그레브 대성당 앞에 지진으로 멈추어 선 시계

자그레브 자꾸만 생각나는 도시

플리트비체를 떠나 약 2시간 반 정도 버스를 타고 자그레브에 도착하니 11시 무렵이었다. 숙소가 시내 중심지에 가까워서, 먼저 숙소를 찾아 짐을 풀고 시내로 나가니 돌아다니기가 편리하였다.

크로아티아의 수도이자 최대 도시인 자그레브는 해발 약 122m에 위치하며 도나우강의 지류인 사바강 유역에 세워졌다. 자 za 는 '후방의, 저쪽의'라는 뜻으로 자그레브는 '후방의 굴 堀 을 메워 만든 도시'라는 의미라고 한다. 인구는 약 120만 명 정도로 크로아티아에서 유일하게 100만 명 이상의 인구를 보유한 대도시권이다. 도시의 구시가지는 1세기 로마인들이 정착하면서 형성되었고, 이후 1241~42년 몽골 침략 이후 자그레브는 왕의 보호를 받는 요새 도시로서 성장하기 시작한다. 17세기~18세기에 걸쳐 대화재와 전염병으로 인해 도시로서 번성이 주춤하였으나, 1776년 왕실 의회와 왕실 총독부가 옮겨진 후부터 영향력이 점차 확대되었으며, 19세기 이후 자그레브는 크로아티아 독립운동의 중심지 임무를 수행했다. 1991년에 크로아티아가 독립을 선언 후 1991년부터 1995년까지 이어졌던 크로아티아 독립전쟁에서 자그레브는 전쟁의 중심지로 크로아티아의 독립을 이끌었다.

자그레브에는 한 사나흘을 머물 예정이기에 급하지 않게 천천히 구경하기로 하고, 다음 목적지인 부다페스트로 가는 기차표를 알아보기 위해서 먼저 중앙역으로 갔다. 어디를 가든지 다음 목적지로 가는 차편을 먼저 확인하는 것이 나의 여행의 기본적인 절차이다. 자그레브 중앙역 주변에는 수많은 구경거리가 있었다.

자그레브 도시 여행은 자그레브 중앙역 광장에서 시작하는 것이 좋다. 역 광장에 늠름하게 서 있는 크로아티아의 초대 왕이라는 토미슬라브의 동상을 지나쳐 자그레브에서 가장 번화한 반 요셉 옐라치치 광장에 이르는 길이 자그레브 관광의 핵심 루트다. 스토로마이어, 즈린스키 등의 여러 개 공원이 이어지는 이 코스는 말발굽과 같다고 해서 '레누치의 푸른 말발굽'으로 불리는 곳이다. 이곳에서는 평일 저녁이나 주말이면 작은 콘서트가 곳곳에서 열리고 거대한 수목들 사이로 쏟아져 내리는 햇살은 자그레브 시민들의 휴식처로 사용될 만큼 상쾌하고 평화롭다.

웅장하고 아름다운 중앙역

중앙역 앞에 있는 토미슬라브 동상

중앙역 앞에 있는 동상의 토미슬라브는 최초의 크로아티아의 왕이라고 하지만 토미슬라브에 관한 기록은 거의 없기에 그가 언제 태어나고 죽었는지, 언제 어디서 어떻게 왕이 되었는지도 알 수 없고, 그의 가족 관계에 대해서도 자세히 기록된 사료는 없다. 단지 19세기에 활동한 크로아티아의 사학자이자 정치가였던 프라뇨 라츠키가 최초의 크로아티아 왕이었다고 주장하면서 크로아티아 역사학계의 정설이 되었다고 한다. 또 크로아티아 역사학계는 토미슬라브가 헝가리와 불가리아의 공격을 물리치고 영토를 확장했다고 주장하고 있다. 스플리트의 역사가였던 토마 아르히자콘 1200 년~1268년 의 기록에 따르면 토미슬라브는 914년에 크로아티아의 공작 칭호를 받았다고 하며, 925년 교황 요한 10세가 크로아티아의 토미슬라브 국왕에게 보낸 편지에서 토미슬라브에게 '크로아티아인의 왕'이라는 칭호를 사용했다고 해서, 토미슬라브는 914년과 925년 사이에 왕의 칭호를 사용한 것으로 추정된다고 하였다.

여기서부터 반 옐라치치 광장까지 세 개의 공원이 연결되어 있다. 공원 곳곳에는 분수와 벤치 야외 공연이 이루어지는 정자, 잘 가꾸어진 꽃밭이 있어 시민들이 한가로이 거닐기도 하고, 벤치에 앉아 망중한을 즐기기도 한다. 반 옐라치치 광장에 가장 가까운 공원이 즈리네바츠 공원이다.

토미슬라브 광장의 아름다운 건물

Strossmayerov 광장

즈리네바츠 공원

즈리네바츠 공원에 특이하게 속이 비어 있으면서도 잘 자라고 있는 나무가 있는데, 빈 나무 속에 사람이 들어갈 정도였다.

이 공원들을 거쳐 반 옐라치치 광장에 와서 대성당으로 발을 돌렸다. 반 옐라치치 광장에서 오른쪽 언덕으로 올라가면 자그레브를 상징하는 자그레브 대성당 Zagreb's Cathedrale 을 볼 수 있다. 자그레브 대성당은 1093년에 건설을 시작하여 1102년에 완성된 거대한 건축물이다.

크로아티아에서 가장 높은 건축물로 두 개의 뾰족한 첨탑이 하늘을 찌르는 이 거대한 건축물은 '성 스테판 성당'이라고도 불린다. 이 성당은 100m가 넘는 2개의 첨탑이 인상적이며, 성당 앞에 푸른 하늘을 배경으로 서있는 황금빛 성모 마리아와 수호성인의 조각상은 감탄을 자아낸다. 모든 종교적인 조형물은 보는 사람의 마음에 따라 다르겠지만 햇빛을 그대로 반사해 반짝이는 마리아상은 옅은 미소를 짓고 있어 보는 사람의 마음을 따뜻하게 감싸준다. 15세기 오스만 튀르크의 침략으로 성당이 파괴되면서 침략을 방어하기 위

1880년 11월 9일, 7시 3분 3초를 가리키는 시계

성당 앞, 황금빛 성모상과 화려한 수호성인의 조각상

아름답게 장식된 성당의 외벽

성당의 두 첨탑

성당을 보호하는 요새의 외벽

해서 성당 주변을 요새화하였는데, 1880년 자그레브에 발생한 대지진은 성당에 엄청난 피해를 주었다. 성당의 두 첨탑은 원래 높이가 108m였는데 대지진으로 각각 105m, 104m의 서로 다른 높이가 되었고, 1880년 11월 9일, 7시 3분 3초를 가리키며 멈추어 버린 시계는 오늘도 그 당시의 재난을 보여주고 있다. 성당 내부에는 인권의 수호자였던 스테피타츠 추기경의 밀랍 인형이 있고, 르네상스 시대에 만들어진 의자와 대리석 제단, 바로크풍의 설교단, 13세기 프레스코 등으로 채워져 시간에 녹슬지 않은 인류의 찬란한 문화유산들이 관광객을 압도한다. 자그레브 대성당은 자그레브 여행의 백미이기도 하다.

성당을 나와 조금 가면 곧 발길이 닿는 돌락 시장은 자그레브 최대 규모의 재래시장으로 인간미가 물씬 풍기는 곳이다. 노천광장에서 재래시장 특유의 활기가 넘쳐흐르며 매일 열리는 시장에는 아드리아해의 내리쬐는 햇빛을 받고 자란 향긋한 과일과 채소, 그리고 아름다운 꽃들이 진열되어 있다. 생선과 고기를 파는 곳은 시장 한편에 있고, 온갖 식료품을 파는 가게들이 늘어서 있다.

돌락 시장을 구경하고 내려오니 돌락 시장 옆에 한국인이 경영하는 한식당이 있어 오랜만에 한국의 비빔밥 한 그릇을 청하여 먹으면서 향수를 달랬다.

아름다운 성당 내부의 모습

성당 오르간

돌락시장의 상징인 상인상

반 옐라치치 동상

활기에 가득한 시장

　아침에 반 옐라치치 광장에는 자그레브 주변 각지에서 가져온 식품이나 여러 생활 용품을 파는 간이 시장이 선다.

　자그레브의 심장 반 옐라치치 광장은 1848년 오스트리아–헝가리 제국의 침입을 물리치는데 혁혁한 전과를 세운 옐라치치 장군을 기념하기 위해 세워진 광장으로, 자 그레브 시민들을 가장 많이 볼 수 있는 장소이다. 이 광장부터는 보행자 전용 구역으로 자동차가 다닐 수 없고, 트램만이 들어올 수 있는데 자그레브에서 가장 복잡하고 번화한 지역으로 만남의 장소이자 자그레브 여행의 시발점이 되는 곳으로 이곳을 중심으로 자그레브의 대부분 장소를 갈 수 있다.

　일요일 아침에 자그레브 대성당의 미사에 참여하고, 길을 나서 반 옐라치치 광장을 지나 국립극장으로 향했다. 자그레브 여행의 묘미는 걷는 데 있는 것 같았다. 시가지 가 그리 크지 않고 유명한 건축물들이 구시가지에 밀집해 있어 한가로이 걸으면서 구경하는 재미가 있다. 산책하듯 걸으며 때로 푸른색 트램을 타고 자그레브 시민들의 삶의 곳곳을 누비며 보는 재미가 쏠쏠하다.

  국립극장의 역사는 1836년에 시작되었으나, 1860년에야 비로소 정부의 지원을 받았다 한다. 그러다가 오스트리아의 황제 프란츠 요세프 1세의 도움으로 1895년 빈의 유명한 건축가인 페르디난드 펠네르와 헤르만 헬메르가 현재 위치에 건물을 지어 이전했다. 화사한 노란 빛의 국립극장 건물은 신바로크 양식으로 건축되어 매우 우아하고 장엄한 외관을 갖추었다. 1967~1968년 대대적인 보수공사를 한 이곳은 크로아티아의 문화를 대표하는 곳으로 1995년에는 국립극장 건립 100주년 기념식이 거행되었고, 지금까지 오페라와 발레가 공연되는 유럽의 이름난 공연장으로 수많은 음악가가 이 극장에서 공연했다.

  1987년 7월에 개관한 미마라 박물관은 자그레브의 루세벨토브 광장에 자리한다. 유명한 수집가인 안테 토피치 미마라가 일생 동안 수집한 소장품을 크로아티아 국민을 위해 기증하여 탄생한 박물관으로 이곳은 선사시대부터 20세기에 이르는 회화 450점, 조각품 250점, 비단과 나무, 돌, 은, 유리 등을 이용해 만든 수공예품 1,000여 점 등 모두 3,750점의 전 세계의 미술품이 모여 있다. 특히 전시품은 시대별·국가별로 일목요연하게 정리돼 있어 각 나라의 예술사를 훑어보는 데에도 도움이 된다. 회화 작품은 고흐, 고갱, 렘브란트, 다빈치 등 거장들의 작품이 전시돼 있는데 그중에

자그레브 크로아티아 국립극장
(Croatian National Theatre in Zagreb)

국립극장 앞에 있는 분수대 1905년
IvanMestrovic의 작품 '생명의 근원'

미마라 박물관(Mimara Museum)

박물관에 있는 종교적인 소장품

거리의 풍경

서 가장 유명한 작품은 벨라스케스의 스페인의 마르가리타 왕녀이다.

다시 반 옐라치치 광장으로 돌아와 북쪽 마을인 고르니그라드로 향해 간다. Radiceva Ulica거리를 따라 올라가면 길 양쪽으로 즐비하게 늘어선 카페와 기념품 가게 등을 볼 수 있다.

자그레브에는 중세 시대에 외세의 침략을 막기 위해 쌓은 성벽과 총 4개의 성문이 있다. 그중 '돌의 문'은 북쪽 마을인 고르니그라드를 둘러싼 성문중 하나이다. 1266

년에 건축한 성문은 몇 번의 화재를 겪었는데, 1731년 자그레브 대화재로 성문들이 모두 불타버렸는데 1760년 '돌의 문'을 재건해서 현재 남아 있는 성문은 이곳 하나뿐이다. 다른 성문들과 달리 이곳만 재건하게 된 이유는 화재로 인해 성문이 모두 불탔지만, 무명 화가가 그린 성모 마리아와 아기 예수의 그림만은 불에 타지 않았기 때문이다. 그래서 사람들은 그림에 신성한 힘이 있어 기적이 일어났다고 믿었고, 이를 기념하여 성문의 아치 아래에 성모 마리아를 위한 예배당을 두었고, 그 안에는 불에 타지 않은 성모 마리아와 아기 예수 그림이 보존되고 있다. 지금은 순례자들이 이 그림을 보기 위해 찾는 하나의 성지가 되었고, 언제나 많은 시민이 기도하기 위해 이곳을 찾는데 그림의 보호를 위해 쇠창살로 가로막아 두었다.

돌의 문 입구에 있는 조각상은 크로아티아의 16세기 역사를 소재로 한 소설 Zlatarovo zlato의 주인공으로, 아버지와 함께 돌의 문 옆에 살았는데 사랑을 거절하

돌의 문의 성모 마리아와 아기 예수 그림

돌의 문

소설 속의 비운의 여인상

여 독살당했다는 여주인공 Dora의 상이다.

북쪽 마을인 고르니그라드는 자그레브 시내와는 완전히 독립된 세상인 것 같이, 색다른 건물이 옛날의 모습 그대로 남아 있고, 또 그것을 보존하며 지키고 있다.

아름다운 성 마르크 성당 St. Mark Church 은 도시의 교구 성당으로 성 마르크 광장 구그라데츠 광장 에 위치하며, 1256년에 건설된 자그레브에서 가장 오래된 성당으로 왼쪽에는 크로아티아 문장, 오른쪽은 자그레브의 문장이 화려하고 알록달록한 빨강, 하얀, 파란색 타일로 만든 지붕으로 유명하다. 14세기 후반에 대대적인 보수를 하여 고딕 양식으로 변했고 지붕은 3곳으로 구분되었다. 건물 남쪽의 창문은 로마네스크 양식이고 현관은 고딕 양식으로 19세기 말 프라하 출신의 건축가가 지었다. 현관에는 15개의 조각상이 11개의 벽감 조각상을 놓기 위해 만든 곳 에 놓여 있고 맨 꼭대기에는 예수와 성모 마리아가 아기 예수를 안고 있는 조각상이 있다. 측면에는 예수의 열두 제자 조각상이 있는데, 이 조각상들은 예술적 가치가 높아 성당뿐만 아니라 남동유럽에서도 가장 소중한 보물로 여겨진다. 외관과는 달리 성당 내부는 단조로우나, 황금색의 천장과 벽면의 프레스코화는 경건함을 더해 준다.

예전에는 시내와 북쪽 마을인 고르니그라드를 이어주었던 푸니쿨라가 지금은 관광객을 위해 운행하고 있다. 숙소가 바로 이 푸니쿨라 정류장 바로 옆이어서 자주 보다가 나중에 한번 타 보았다.

성 캐서린 성당 St. Catherine's Church 은 캐서린 광장에 위치하는 자그레브에서 가장 아름다운 바로크 양식의 성당이다. 원래는 14세기에 세워진 성 도미니크 성당이었다가, 1620년에 재건축해서 1632년에 완공하여 오늘에 이른다. 성당 정면의 외부는 1880년 지진으로 파괴되어 다시 복구된 것으로 르네상스 양식으로 건축되었다. 순백색의 외관만큼이나 성당 내부는 밝고 우아하면서 화려하게 아름다운 스투코 Stucco : 건축의 천장, 벽면, 기둥 등을 덮어 칠한 화장 도료 장식으로 되어 있는데 이는 17세기 바로크 양식을 대표하는 작품이다.

아름다운 성 마르크 성당(St. Mark Church)

15개의 조각상이 11개의 벽감에 있는 현관

북쪽 마을인 고르니 그라드에서 보는 자그레브 시내 전경

푸니쿨라

성 캐서린 성당(St. Catherine's Church)

전망대에서 보는 대성당

성당 뒤편의 전망대에서는 붉은 지붕으로 가득 찬 자그레브 시내와 우뚝 솟은 대성당을 볼 수 있다.

로트르슈차크 탑 Lotrscak Tower 은 자그레브의 전경을 볼 수 있는 탑으로, 13세기에 북쪽 마을인 고르니그라드의 남쪽 성문을 방어하던 탑으로 보존이 잘 되어 있다. 외형은 사면으로 된 로마네스크 양식이며 서로 모양이 다른 돌과 벽돌을 혼합하여 만들었고 성벽의 두께는 1.95m이다. 탑에 있는 종은 매일 저녁 도시로 진입하는 문을 닫기 전에 울렸는데, 종을 도둑맞아 없어졌기 때문에 라틴어로 '도둑의 종'이라는 뜻의 '로트르슈차크'라는 이름이 붙었다고 한다.

로트르슈차크 탑(Lotrscak Tower)

19세기에 높이 19m의 4층으로 증축되었고 창문도 덧대었으며 맨 위에 대포를 들여놓아 1877년 1월 1일 시간을 알리는 의미로 정오에 발사하여 당시부터 지금에 이르기까지 매일 정오에 종 대신에 대포를 발사한다. 이러한 대포 발사는 자그레브의 역사적 전통을 알리는 조그만 행사이면서 사람들에게 기준 시간을 알리는 역할을 한다. 높은 전망대에서는 자그레브가 한눈에 보인다.

아래에서 로트르슈차크 탑으로 올라가는 푸니쿨라는 자그레브 시내 최초의 공공 교통기관으로 특이하게 경사로를 따라 움직인다. 1888년에 설치한 것으로 자그레브의 아래 시가지와 위의 마을을 연결한다.

자그레브는 작은 도시고 명소는 구시가지를 중심으로 몰려 있다. 그래서 사람들은 당일치기로 자그레브를 구경하고 간다. 하지만 자그레브는 큰 도시다. 수많은 건물과 옛날의 성당들, 사람들이 살아 있는 모습을 느낄 수 있는 시장과 광장을 여유를 가지고 느껴보기에 하루는 짧다. 여유를 가지고 시내를 배회하면서 길가의 카페에 앉아 한가로움을 즐길 수도 있고, 자그레브 사람들이 살아가는 모습을 보는 것도 재미다. 자동차 통행을 전면 금지해 트램만 지나가는 광장의 거리를 자유롭게 다녀도 좋고, 길가의 카페에 밤늦게 앉아 와인이나 맥주로 여행의 피로를 푸는 것도 좋은 여행의 한 방법이다.

사나흘을 머무르고 반 옐라치치 광장을 계속 지나가면서 자그레브를 즐겼으나 자그레브를 얼마나 보았는지가 의문이다. 일 년을 거주해도 다 볼 수 없는 것이 도시다.

아쉬운 마음을 뒤로 하고 내일은 부다페스트로 간다.

푸니쿨라역

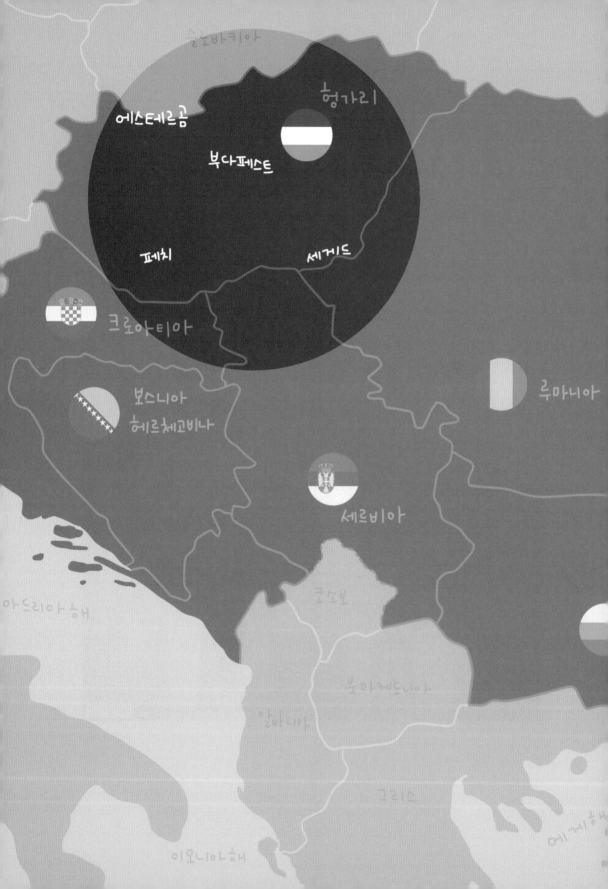

헝가리 Hungary

부다페스트 1 　다뉴브의 진주

　물은 생명을 뜻하며, 생명을 탄생시키고 생명체를 살아가게 만드는 삶의 터전이다.

　유럽에서 가장 많은 자식을 가진 물줄기는 독일 남부의 흑삼림 지대에서 발원해 9개 나라, 2,850㎞를 달려 흑해로 가는 라틴어로는 다누비우스 Danubius , 영어로는 다뉴브 Danube 로 불리는 강이다. 이 강의 이름은 매우 다양하여 앞에서는 도나우로 표기했지만 여기서부터는 다뉴브로 통일한다. 다뉴브강이 지나가는 도시 가운데에 가장 수려한 경관을 자랑하며 유럽의 모든 곳을 연결하는 곳이 부다페스트로, 도시를 관통하는 다뉴브강으로 더욱 아름다운 모습을 가져 부다페스트는 '다뉴브의 진주'로 불리는 곳이다.

　부다페스트는 인구 200만 명 정도의 큰 도시로 헝가리의 수도이자 현재 중유럽 최대의 도시이다. 부다와 페스트는 원래 별개의 도시였는데 1873년에 다뉴브강 서편의 부다 Buda 와 오부다 Obuda , 동편의 페스트 Pest 가 합쳐져 오늘날의 부다페스트가

부다페스트의 상징 – 성 이슈트반 성당의 전경

되었다. 부다는 강의 높은 위치에 자리하며, 왕궁 王宮 의 언덕, 겔레르트 언덕 등이 강기슭 근처까지 뻗어 있고 역사적인 건축물이 많다. 페스트는 저지에 자리한 상업지역으로, 주변 지구에 공장과 집단주택이 들어서 있으며 정치의 중심지로서 중앙관공서, 옛 국회의사당 등이 있고, 문화의 중심지로서 여러 대학과 많은 도서관 박물관이 있다. 그밖에 전통을 자랑하는 음악학교, 국립극장 등을 포함한 많은 극장이 있으며, 국회의사당 앞은 1956년 헝가리 혁명의 장소로 유명하다.

부다페스트는 다뉴브강을 낀 밤의 환상적인 아름다움으로 널리 알려져 있고, 온천이 발달한 도시로 여행의 피로를 풀기에도 알맞은 도시다.

자그레브에서 기차로 부다페스트로 향했다. 자그레브역에서 부다페스트로 가는 기차가 직접 있는 것이 아니라 조금 복잡한 과정을 거쳐야 했다. 역무원이 자그레브역에서 전철을 태우고 가더니 다시 버스를 타라고 한다. 버스를 타니 다시 기차역으로 데리고 간다. 아마 시외에 국제선 기차가 다니는 역이 있는 것 같았다. 저번에 이스탄불에서 소피아에 갈 때도 같은 과정을 거친 기억이 났다. 자그레브역 승차 홈에서 기차를 기다리는 도중에 부다페스트로 간다는 한국의 젊은 여성을 만났다. 그런데 얼굴에서 다소 여행에 찌든 모습이 드러나서 여행 편안하게 하라고 이야기하고 기차에 올라 약 4시간 반 정도 걸려서 부다페스트에 도착했다. 예정으로는 약 일주일을 부다페스트에 머물 생각이기에 천천히 발걸음 닿는 대로 걸으면서 부다페스트를 구경할 생각이었다. 그러다 보니 부다페스트를 떠날 때 지나간 여정을 생각하니 갔던 곳을 몇 번이나 지나가기도 하였다.

그래서 이 이야기는 장소가 아니라 날짜와 시간의 순서에 따라 이야기한다.

아름다운 겔레티역

헝가리 Hungary

멀리 보이는 세체니 다리

에르제베트 다리(일명 엘리자베스 다리)

부다 왕궁

어부의 요새

　기차가 도착한 켈레티역은 부다페스트의 중앙역이라 할 수 있는 역으로, 유럽의 여러 도시를 연결하는 기차가 수시로 운행하고 있고 역사의 모습이 매우 아름답다.

　역에 도착하여 숙소를 찾아가서 짐을 부리고 나니 어느새 저녁이 되었다. 숙소가 엘리자베스 다리에서 멀지 않은 곳이어서 부다페스트의 첫 밤을 그냥 보내기는 너무 아쉬워 가까운 곳의 야경을 구경하러 나갔다.

　밤에 돌아다니며 보는 부다페스트의 야경은 정말로 아름다워 사람들이 부다페스트의 야경을 꼭 보아야 한다고 강조하는 말이 이해되었다. 러시아를 여행하면서 모스크바와 상트페테르부르크의 야경을 즐긴 경험이 있는데 강을 끼고 있는 도시는 모두 아름다운 밤의 경치를 자랑하고 있다고 생각했다.

　늦게 돌아와 잠을 청하고 다음 날부터 본격적으로 부다페스트 일대를 구경하기 위해 나섰다.

　헝가리는 전통적인 가톨릭국가라 도시의 곳곳에는 오래된 성당이 즐비하다. 조금

과장하면 몇 개의 건물을 지나면 성당이 보이는 도시다.

먼저 엘리자베스 다리 근처로 가니 고색창연한 성당이 보이는데 저녁에 바흐의 'Passion 수난곡'을 공연한다고 선전한다. 표를 사고 시간을 보니 늦은 시간에 공연을 시작한다고 하여 이 시간에 일정을 맞추기로 하고, 먼저

바찌 거리

바찌 거리를 서서히 걸으면서 중앙시장으로 갔다.

바찌 거리는 부다페스트에서 가장 번화가인 보행자 전용 거리로 카페, 레스토랑, 화장품 가게, 기념품 가게 등등이 수많이 늘어서 있어 이 거리를 걸으면서 구경하는 재미가 쏠쏠하다.

중앙시장은 부다페스트에서 가장 큰 재래시장으로 영국의 다이애나 황태자비, 오스트리아의 요세프 황제도 방문했다는 곳으로, 여러 가지 물품과 식료품을 팔며, 2층에는 식당가가 형성되어 있어 식사하기도 한다. 나도 여기서 헝가리의 유명한 구야쉬로 점심을 해결했다.

1867년 헝가리가 자치권을 획득한 이후 부다페스트는 급격히 발전하였으나 식량 분배를 위한 새로운 도매시장이 필요하게 되어 건축된 중앙시장 건물은 커다란 메인 창문 하나와 네 개의 좀 더 작은 창문 주위로 벽돌 벽에 문양을 넣어 균형 잡힌 모양을 보여주고 있다. 정면의 양 끝에는 작은 탑이 서 있고, 돌로 만든 정문은 네오 고딕 양식이지만, 더욱 인상적인 것은 건물 내부다. 3층까지 올라가서 꽃과 여러 식품을 파는 200개가 넘는다는 가게들이 빚어내는 떠들썩한 광경을 내려다보라. 전체적인 인상은 시장이라기보다 신선한 생산물과 좋은 음식에 바치는 철과 유리로

중앙시장의 전경

만든 대성당쯤으로 생각되는데, 1991~1994년의 보수공사 후에는 부다페스트 재래시장은 소매시장으로 운영되고 있다.

중앙시장은 시장이 아니라 성과 같은 모양으로 입구의 아름다운 건축미는 감탄을 자아내게 한다.

숙소가 가까워 수시로 이 시장에서 식품을 사기도 하고 식사하기도 했다.

중앙시장에서 점심을 해결하고 벨바로시에 있는 비가도로 갔다.

'기쁨을 주는 곳'이란 뜻의 페슈티 비가도 Pesti Vigadó 는 1832년 미하이 폴락 Mihály Pollárck 의 설계로 지어진 부다페스트 음악의 전당으로, 1848년 독립전쟁 때 파괴되었다가 프리제쉬 페슬의 설계로 1865년에 다시 지어져 지금은 부다페스트 음악의 상징적 존재로 남아 있다. 카로이 로츠나 모르 탄의 그림이 내부를 장식하고 있으며 내부의 조각은 카로이 알렉시 Károly Alexy 의 작품으로 그 웅장함은 더욱 빛난다. 2차 세계대전 때 다시 파괴되었고 1980년 재건된 비가도는 시대를 건너 부다페스트에서 가장 뛰어난 콘서트홀의 역할을 해왔다. 리스트, 바그너, 브람스, 드보르자크 등이 이곳에서 연주했었다는 기록이 있고 브루노 발터, 헤르베르트 폰 카라얀 등 위대한 지휘자들, 그리고 블라디미르 호로비츠, 아르투르 루빈스타인 등 거장들의 솔로 연주도 이곳에서 열린 흔적을 볼 수 있었다.

발길을 돌려 간 곳이 부다페스트의 상징이라고 할 수 있는, 높이로 역사를 기억하는 성 이슈트반 대성당이다.

비가도

비가도의 내부

헝가리 Hungary

성 이슈트반 대성당은 부다페스트에 있는 성당 가운데 최대 규모로 초대 헝가리 왕이었던 이슈트반 1세를 기리기 위해 1851년에 착공하여 1906년에 완공되었다. 성 이슈트반 1세는 헝가리를 국가로 성립시키는 토대를 마련한 건국 시조이며, 또한 헝가리를 로마기독교 국가로 만들었는데, 이것은 헝가리를 서구 문화권으로 편입시키는 중대한 결정이었다. 성당의 정문 위에는 오른손에 홀을, 왼손에 구슬을 들고 있는 성 이슈트반의 동상을 볼 수 있다. 그리고 주제단의 뒤쪽에 가면 성 이슈트반의 오른손이 봉헌된 '신성한 오른손 예배당'이 있다.

성 이슈트반 대성당은 전형적인 네오 르네상스 양식 건물이다. 전체 구조가 그리스 십자가 형상으로 되어 있으며 그 중심에 중앙 돔이 있다. 건물 내부에선 86m, 돔 외부의 십자가까지는 96m인데, 마자르족이 이 지역에 자리 잡은 896년을 의미한다고 한다. 성 이슈트반 대성당의 권위와 도시 미관을 이유로 다뉴브강변의 모든 다른 건축물들은 이보다 더 높이 지을 수 없게 규제된다고 한다.

대성당 내부에는 당대의 저명한 헝가리 예술가들의 작품으로 가득하다. 벤추르의 성화는 성 이슈트반 왕이 헝가리 왕관을 성모 마리아에게 바치는 장면을 그린 것인데 이는 곧 이교도였던 마자르족이 유럽의 일부가 되었음을 내외에 과시한 그림이다. 이 대성당에서 가장 유명한 것은 돔의 스테인드글라스로, 카로이 로츠의 작품이다.

중앙 입구의 돔과 장식 조각상

화려한 성당 내부의 모습

성 이슈트반 성당 모습

입구의 성화

성당 내부 장식

성 이슈트반상

Ferenc Erkel 의 동상

오페라 하우스

성 이슈트반상이 손에 쥐고 있는 십자가는 우리가 아는 일반적인 십자가와 달리 십자가의 가로가 두 개로 되어 있다. 헝가리만의 독특한 십자가로 두 개의 가로는 신권과 왕권을 동시에 나타내는 의미인데 교황청에서도 특별히 헝가리의 십자가를 인정하였다고 한다.

이 성당을 나와 근처에 있는 오페라하우스에서 공연 표를 사고 외양만 잠시 보고 지나왔다. 이 오페라하우스는 뒤에 다시 언급하겠다.

엘리자베스 다리 근방에 있는 Inner City Parish Church는 부다페스트에서 가장 오래된 성당이라고 하였는데 내부의 장식을 보니 과언이 아니었다. 부활절이 가까워서 이 성당에서 공연하는 바흐의 'Passion 수난곡'을 밤에 들으러 갔다. 상당히 많은 사람이 공연을 즐기고 있었고, 공연을 마치니 자정이 되었다. 공연의 다른 것은 잘 모르겠으나 파이프 오르간의 소리가 매우 감동적으로 들렸다. 밤이 늦었지만, 숙소가 멀지 않아 걸어가면서 부다페스트의 야경을 보았다. 오늘은 목적지도 없이 일종의 탐색이라 할 수 있게 그저 발길이 닿는 대로 이곳저곳을 다녔고, 내일부터는 본격적으로 부다페스트를 돌아볼 생각이다. 숙소가 중심지에 가까워서 왔다 갔다가 하면서 보는 광경도 쏠쏠했다. 헝가리 중앙시장이나 그 밖의 다른 시장도 지나가면서 구경하고, 헝가리 사람들이 북적거리는 광장에서 주전부리도 사 먹고 하면서 그들의 일상을 보기도 했다. 여러 거리를 지나가며 보는 풍경은 '참 아름다운 도시다.'는 생각을 들게 만들어 어느 곳에서 어느 방향으로라도 눈을 돌리면 아름다운 건물이 눈에 보였다.

Inner City Parish Church 전경

오랜 역사를 자랑하는 성당의 내부

성당의 파이프오르간

에스테르곰 헝가리 가톨릭의 중심

　잠시 부다페스트를 벗어나 에스테르곰에 가기 위해서 두나카냐르지방으로 발길을 돌렸다. 독일에서부터 시작된 두나 다뉴브를 여기에서만 두나로 칭한다. 강은 슬로바키아를 따라 흐르다가 헝가리에서부터 급격하게 휘어지기에 '두나강이 휘어진 곳'이라고 하여 이 지역을 두나카냐르라고 부른다고 한다. 유명한 곳으로는 에스테르곰, 비셰그라드, 센텐드래가 있지만 시간상 에스테르곰만 갔다 오기로 하고 출발했다. 사전 지식이 없어서 지하철로 이동하여 에스테르곰으로 가는 버스를 탔는데, 나중에 보니 열차를 타는 것도 한 방법이었다. 부다페스트의 지하철역 에스컬레이터는 우리나라의 에스컬레이터에 비해 속도가 엄청 빠르다. 잘못하다가는 넘어질 수도 있으니 조심해야 한다. 하여튼 길을 물어가면서 버스를 타고 에스테르곰에 도착하니 시간이 벌써 정오에 가깝다.

　에스테르곰은 부다페스트 북서쪽 약 50km에 있는, 헝가리에서 가장 오래된 역사를 지닌 인구 약 3만의 작은 도시로 두나 강변에 있다. 게르만어 오스테링움 Osterringum 에서 유래된 도시 이름을 가진 에스테르곰에 처음 정착하여 살기 시작한 민족은 슬라브족이었으며, 그 뒤 켈트족이 이주해 와서 살았다고 한다. 이후 로마제국에 점령되어 로마령이 되었다가, 896년 헝가리인 마자르족 이 이주해 와서, 마자르족의 중심적인 정착지로 결정되면서 인구가 증가하고 번성하기 시작하였다. 1000년 로마 교황 실베스테르 2세로부터 왕관을 하사받은 이슈트반 1세가 이 도시의 대성당에서 대관식을 거치면서 정식으로 헝가리 왕이 되었다. 후대의 연구에 의하면 실제로 교황으로부터 왕관을 하사받은 것은 아니라고 한다. 헝가리의 아르파드 왕조의 왕들은 이 도시를 거점으로 삼았고, 이 시대에 이미 대주교 교구가 되었으며, 오늘에 이르기까지 헝가리 가톨릭의 중심이 되고 있다. 13세기에 이르러 에스테르곰은 헝가리의 정치와 경제의 중심지로 번성하지만 13세기에 몽골의 침입으로 에스테르곰이 많은 피해를 입자 부다 Buda 로 왕도를 이주하면서 쇠퇴하였다. 두나강을 사이에 두고 슬로바키아의 슈투로보 Sturovo

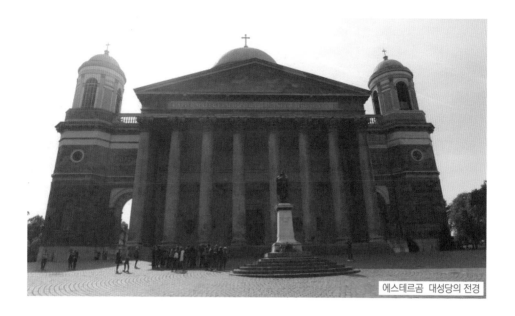

에스테르곰 대성당의 전경

와 마주 보고 있으며 마리아 발레리아 다리를 사이에 두고 자유롭게 왕래한다. 과거 헝가리 수도로서, 유적은 언덕 위에 12세기의 왕궁의 유적과 헝가리에서 가장 큰 대성당이 남아 있다.

에스테르곰은 조그마한 시골이기에 버스도 잘 모르겠고 하여 무작정 걷기로 하고 걸어가니 시장이 나온다. 아마 오늘이 장날인지 우리나라의 시골 오일장처럼 장터에 시장이 서서 상인들이 가판을 펼치고 있었다. 잠시 구경하다가 주 목적지인 대성당을 향해 계속 걸어 대략 20분 정도를 가니 대성당이 웅장한 모습을 나타낸다.

특이하게 이 대성당은 전망대를 만들어 놓아서 관광객들에게 편의를 주고 있어 성당 내부를 보기 전에 전망대로 올라갔다. 성당의 전망대에서는 멀리 슬로바키아 접경의 두나강과 에스테르곰 시내를 조망할 수 있다. 전망대에서 멀리 보이는 다리가 마리아 발레리아 다리로 저 다리를 건너면 슬로바키아다. 유유하게 흐르는 두나강을 배를 타고 부다페스트로 가는 여유를 가져야 하는데 그러지 못해 아쉬웠다.

정식 명칭이 '성모승천과 성 아달베르트 성당 Cathedral of Our Lady of Assumption and

마리아 벌레리아 다리

대성당의 첨탑

전망대에서 보는 에스테르곰 마을의 모습

전망대 보물관에 있는 주교들의 유물

Adalbert '인 에스테르곰 대성당은 헝가리 가톨릭교회의 총본산이며, 헝가리 최대 규모의 성당으로 1001년부터 1010년까지 성 이슈트반 1세에 의해 지어졌다. 이슈트반 1세의 대관식이 열렸던 건물은 12세기 말에 화재로 소실되었고, 대성당은 역사의 부침에 따라 소실과 재건축을 반복하였으며, 현재의 건물은 1869년에 부다페스트의 성 이슈트반 대성당을 설계한 유명한 건축가 Jozsef Hild에 의해 완공되었다. 성 이슈트반 1세의 대관식이 거행된 곳으로, 성당 내부에는 헝가리 대표 성인들의 유골이 안치되어 있고, 직경 53.3m의 돔 천장, 단일 크기로는 가장 큰 제단화, 유럽에서 가장 크다는 파이프 오르간 등이 있다. 성당의 지하로 내려가는 곳에 리스트 기념관이 있고, 지하에는 헝가리 여러 주교의 묘가 있다. 대성당 주변에는 넓은 정원이 조성되어 있으며, 그 정원에는 성 이슈트반 1세가 교황으로부터 작위를 받는 조각상이 있다.

제단 위 천정화
– 독일 뮌헨의 Ludwig von Moralt의 작품

성모 마리아의 승천, 제단화
(이탈리아의 베네치아의 화가
Michelangelo Grigoletti의 작품)

화려하고 웅장한 성당 내부

헝가리에서 가장 큰 파이프 오르간

리스트 기념관

지하에 있는 여러 주교들의 묘역

에스테르곰 헝가리 가톨릭의 중심

옛 왕궁의 모습

성 이슈트반 1세가
교황으로부터 작위를 받는 모습

대성당 뒷편 정원에서 보는 대성당

　대성당 앞에 있는 12세기의 옛 왕궁은, 왕궁이라기에는 초라한 옛날의 유적이라고 밖에 말할 수 없는 조그마한 터이고, 건물은 현대에 다시 지어진 듯했다.

　성당을 나와서 성당 주변의 정원을 한가롭게 거닐며 두나강이 만들어내는 에스테르곰의 아름다움을 즐겁게 구경하면서 도착한 곳이 성 이슈트반 1세가 교황으로부터 작위를 받는 모습의 조각상이다. 헝가리에서는 성 이슈트반 1세를 말하지 않고는 모든 역사적 이야기가 끊어져 버릴 만큼 성 이슈트반은 헝가리의 시조라 할 수 있는 존재로 헝가리에서는 신적인 존재다.

성당 앞 마당에 있는 꼬마 기차

성당 앞마당에 슬로바키아까지 갔다 올 수 있다고 하는 꼬마 기차가 있었다. 이 기차를 타면 비자나 여권 등이 필요 없이 두나강을 건너 멀리 보이는 슬로바키아의 슈투로보 마을까지 한 바퀴를 돌아온다고 한다. 기차를 타려고 기관사에게 물으니 하루에 몇 번밖에 운행하지 않는다고 하며 시간표를 보여 주었는데 다음 기차는 한참을 기다려야 하였다. 빨리 알았으면 도착하자마자 이 시간부터 확인했을 것인데 미처 몰라서 시간이 맞추지 못해서 타지 못해 아쉬웠다. 이런 것은 정보가 있어야 하는데 알 방법이 없었다.

에스테르곰에서 시간을 보내고 나니 다른 곳을 가기에 시간이 여유롭지 않았지만, 그래도 버스를 타고 비셰그라드를 거쳐 가기로 했다. 버스에서나마 비셰그라드를 보고 싶었기 때문이다. 버스는 두나강을 따라가면서 두나강의 흐르는 모습을 보여주었다. 비셰그라드 가까이에서 버스가 정차할 때 비셰그라드 성벽을 잠시 보고 두나강이 굽이쳐 흐르는 모습을 차창으로만 보았다.

부다페스트로 돌아와 숙소 주변의 시장에서 잠시 거닐며 시간을 보내다가 하루의 일정을 마친다.

부다페스트 2 아름다운 건축물들

에스테르곰을 다녀와서 다음 날은 여행의 여유를 가지기 위해 휴식을 취했다. 여행을 시작한 지도 어느새 한 달이 넘었고, 아직도 가야 할 여정이 많아 휴식이 좀 필요한 시간이었다. 그래서 숙소 주변을 소요하면서 맛있는 것도 사서 먹고 그냥 거리를 돌아다니며 하루를 보냈다. 그리고 다음 날은 좀 바쁘게 움직이는 일정으로 낮에 하루 종일 돌아다니고, 밤에는 부다페스트의 야경을 즐기기 위해서 필수 코스인 다뉴브강 유람선을 탈 예정이었다.

먼저 간 곳이 유명한 국회의사당이다. 1904년에 완성된 세계에서 두 번째로 규모가 크다는 국회의사당은 네오고딕 건축물로 다뉴브강변에 접하고 있다. 건국 1,000년을 기념하는 당시에 헝가리는 민족적 자존심을 세우는 동시에 헝가리의 어두운 과거를 청산할 수 있는 건물의 건설이 절실하게 요구되던 시절이었다. 그렇게 해서 세워진 국회의사당의 외벽에는 헝가리 역대 통치자 88명의 동상이 세워졌고, 지붕에는 1년을 상징하는 365개의 첨탑이 세워졌다. 다뉴브와 절묘한 조화를 이루며 강을 따라 건설된 이 건물의 길이는 268m, 폭은 가장 넓은 곳이 123m이며 주 출입구는 다뉴브강변 맞은편인 라요시 코수트 Lajos Kossuth 광장에 있다. 주 출입구에는 청동 사자상이 장식되어 있고, 내부 중앙 돔은 높이 96m이다. 헝가리에는 이 96이라는 숫자에 큰 의미를 부여하는데 마자르족이 유럽에 최초로 정착한 896년을 뜻한다. 내부 중앙 로비에 16명의 헝가리 지도자 동상이 16개의 원주 위에 서 있는 것도

국회의사당 전경

헝가리의 민족적 자존을 위한 건축적 표현이다.

국회의사당 주변의 네 개의 인물상은 헝가리의 근대사를 너무도 사실적으로 보여 주고 있어 늘 주목받는 곳이기도 하다. 남쪽 끝에 서 있는 페렌츠 라코치 Ferenc Rákczi 는 합스부르크에 반대해 독립운동을 벌였지만 뜻을 이루지 못하고 1711년 망명길에 올랐다. 북쪽의 라요시 코수트 Lajos Kossuth 는 역시 오스트리아에 대항해 독립전쟁을 했으나 1849년 혁명 실패로 망명길에 올랐다. 같은 북쪽의 미하이 카로이 Mihály Károlyi 는 1차 세계대전 종전과 함께 독립된 헝가리의 첫 번째 대통령이었으나 1919년 망명길에 올랐다. 그리고 제일 마지막에 세워진 임레 나지 Imre Nagy 는 잘 알려진 바와 같이 1956년 혁명의 총아로 핵심 지도자였다. 임레 나지는 당시 총리로 혁명을 주도했지만, 소련군의 침공으로 민중 혁명은 좌절되었고 2년 뒤 처형된 헝가리 현대 비극의 상징적 인물이다.

헝가리의 굴곡진 근대와 현대 정치사를 상징하면서 국회의사당을 둘러싼 채 조각으로 남은 네 명의 정치가의 비극을 바탕으로 결국 오늘의 정치 민주화를 이룩해낸 것이 바로 국회의사당의 모습이다.

1970년대 말부터 1980년대 초반에 고등학교를 다닌 사람들은 국어 교과서에 나오는 김춘수의 시 「부다페스트에서의 소녀의 죽음」을 기억할 것이다.

외부를 장식한 아름다운 조각상들

페렌츠 라코치(Ferenc Rakczi) 상

다뉴브강에 살얼음이 지는 동구 東歐 의 첫겨울/ 가로수 잎이 하나 둘 떨어져 뒹
구는 황혼 무렵/ 느닷없이 날아온 수발의 쏘련제 製 탄환은/ 땅바닥에/ 쥐새끼
보다도 초라한 모양으로 너를 쓰러뜨렸다./ 순간,/ 바숴진 네 두부 頭部 는 소스
라쳐 삼십보 三十步 상공으로 튀었다./ 두부 頭部 를 잃은 목통에서는 피가/ 네 낯
익은 거리의 포도 鋪道 를 적시며 흘렀다./ 너는 열 세 살이라고 그랬다./ 네 죽음
에서는 한 송이 꽃도/ 흰 깃의 한 마리 비둘기도 날지 않았다. 후략

그 시의 배경이 바로 국회의사당 앞에 있는 코슈트광장이다. 1956년 소련에 항거
한 부다페스트 대학생과 시민들이 소련군의 철수와 헝가리의 민주화를 요구하면서
연좌데모를 벌이다가 소련군의 총탄에 쓰러져간 곳으로, 헝가리 민주주의의 현장으
로 유명하다. 헝가리가 공산주의 체제를 끝내고 나서 이 광장에 그때의 아픔을 기념

1956년 자유를 부르짖다가 사라져 간
사람들을 추모하는 공간

코슈트광장 조형물

IN MEMORIAM
1956. október 25.

기념비

부다의 언덕위로 올라가는 터널

하는 기념비를 세우고 전시 공간을 지하에 만들어 놓았는데 사람들은 이 사실을 잘 모른다. 부다페스트를 여행하는 사람들은 꼭 둘러보시기를 바란다.

국회의사당을 뒤로 하고 부다 지구로 가기 위해서는 필연적으로 세체니다리를 건너야 한다. 부다페스트의 상징으로 여겨지는 세체니 다리 헝가리어: Széchenyi Lánchíd 는 부다와 페스트를 연결하는 최초의 다리로 1849년에 개통된 현수교이다. 세체니 이슈트반 백작의 아이디어로 시작하여 스코틀랜드인 클라크 아담에 의해 건설된 이 다리는 당시 경제와 사회 발전의 상징이었으나, 세체니가 다리 건설에 나선 계기에는 극히 개인적인 동기가 있다. 1820년 자기 영지를 방문했다가 아버지의 부음 소식을 받고 장례식 참석차 급히 돌아온 세체니는 부다와 페스트를 연결하는 배편이 기상 악화로 무려 8일간이나 두절되었기 때문에 다뉴브를 건너지 못했다고 한다. 이에 분노한 세체니는 다리를 놓겠다는 결심을 굳혔다고 한다. 클라크는 공사 기간 내내 다리 완공에 심혈을 기울였으며 부다 왕궁이 있는 바르 헤지 Var-hegy 아래를 뚫는 터널까지 설계했다. 그래서 헝가리인들은 부다쪽 다리 입구의 광장을 '아담 클라크광장'이라 명명하여 지금까지 고마움을 나타내고 있다. 2차 세계대전 중 나치 독일의 공격으로 일부 교량이 붕괴됐으나, 워낙 중요한 다리라 곧바로 재건되어 부다페스트의 경관을 보여주는 가장 상징적인 조형물로 남아 있다.

다리의 이름은 다리 건설의 주요 후원자였던 세체니 이슈트반의 이름을 딴 것이지만 밤을 밝히는 전구의 모습이 마치 사슬처럼 보인다고 하여 그렇게 붙여졌다고도 한다. 그리고 이 다리의 양쪽 입구에 있는 혀가 없다고 전해지는 네 마리 사자상의 자태는 너무나 아름답고 완벽하여 흠잡을 데가 없다고 한다. 세체니 다리는 잔잔한 기

세체니다리 교각과 사자상

성당 출입구 위의 성화

마차시 성당의 모습

품과 안정적인 모습으로 유럽에서 가장 아름다운 산업 건축물 가운데 하나로 손꼽히고 있다.

밤이 되면, 380m의 케이블로 이어진 수천 개의 전등이 다뉴브강의 수면을 비추어 지금은 부다페스트의 야경 풍경에서 빼놓을 수 없는 아름다운 다리로 자리하고 있다.

세체니 다리를 건너 어부의 요새로 올라가려니 제법 언덕을 걸어야 한다. 그래서 버스를 타니 버스가 마차시 성당 앞에 내려주어 편안하게 올라왔다.

마차시 성당의 정식 이름은 '성모 마리아 대성당'이지만, 이곳의 남쪽 탑에 마차시 1세 왕가의 문장과 그의 머리카락이 보관되어 마차시 성당으로 불리게 되었다. 현존하는 건물은 14세기 후반에 화려한 후기고딕 양식으로 건조된 것으로 1479년에 마차시 1세에 의해 대 개축되면서 높이 80미터의 첨탑이 증축되었고, 19세기 후반에 광범위하게 다시 복구된 것이다. 700년이라는 교회의 역사 중 거의 모든 역대 헝가리 국왕의 대관식이 이곳에서 거행되었을 뿐만 아니라, 마차시 1세의 두 번의 결혼식도 이곳 성당에서 거행되었다.

13세기에 이 자리에 세워진 성당은 14세기에 고딕식으로 재건축되었는데, 공사가 채 끝나기도 전에 오스만 튀르크가 침공하여 부다 성을 손에 넣은 뒤 마차시 성당을 이슬람의 모스크로 재건축했다. 이 와중에 내부 제대 등은 모두 파괴되었고 내부에 그려져 있던 호화스런 프레스코화는 흰색으로 칠해져 망가지고 벽면도 이슬람 고유의 아라베스크 무늬로 장식되었으며, 1686년에는 남쪽 탑과 지붕이 붕괴되기도 했다. 1686년의 대 튀르키예 전쟁 때 동맹 측의 대포에 의해 성당의 벽이 파괴되었을 때, 예전부터 봉납되어 있던 마리아상이 벽 속에서 나타났다. 기도 중이었던 오스만 제국의 이슬람교도 앞에 마리아상이 나타나자, 부다 주둔군의 사기는 붕괴되고 부다는 함락되어 오스만 제국의 지배가 종결되었다. 이에 따라 마차시 성당은 '성모 마리아의 기적이 있었던 장소'라고 불린다.

화려한 성당 내부의 여러 모습

왕가의 문장

이 성당은 19세기 말이 되어서야 성당 본래의 장엄하고 수려한 자태를 되찾자는 움직임이 일어나, 명성 높은 건축가인 슐렉 프리제슈에 의해 13세기의 본래 설계도를 통해 다시 복구되었을 뿐만 아니라, 건설되었던 당초 고딕 양식의 대부분을 되찾았다. 슐렉 프리제슈가 중세 폐허에서 발굴된 유품을 다시 사용해 본래의 고딕식 건물로 재건축했던 것이다.

리스트의 악보

헝가리를 대표하는 음악가 리스트가 '대관식 미사'곡을 초연한 곳도 바로 이곳이었다. 일요일 대미사를 마친 뒤 모든 사람이 페렌츠 에르켈 작곡의 '애국가'를 합창하는 것도 이 성당의 오래된 전통이라고 한다.

마차시 성당의 주 출입구 앞에는 본래 중세 시장 市場 의 중심이었다는 삼위일체 광장이 있고, 삼위일체 탑이 그곳에 서 있다. 이 탑은 본래 18세기 초 부다 시위원회가 1691년 헝가리를 엄습했던 흑사병 희생자를 추모하기 위해 세웠으므로 성경에 나오는 다윗 왕이 흑사병을 끝내는 기도하고 있는 모습도 보인다. 꼭대기에는 성부와 성자, 그리고 비둘기 모습으로 온 성령이 흑사병으로 죽어간 희생자들의 넋을 위로하고 있다.

마차시 성당 동쪽에 있는 어부의 요새 Halasz-bastya 는 헝가리 건국 1000년을 기념하여 지어

삼위일체탑

어부의 요새에서 보는 마차시 성당 전경. 기마상이 성 이슈트반 1세 상이다.

어부의 요새 전경

어부의 요새 탑의 모습

진 아름다운 백색의 요새로 1896년에 착공에 들어가 1902년에 완성되었고, 요새 앞에는 성 이슈트반의 기마상이 서 있다. 이곳의 이름이 '어부의 요새'가 된 것은 옛날 이곳에 어시장이 있었기 때문이라는 평범한 설명부터 헝가리 애국정신의 한 상징으로 19세기 시민군이 왕궁을 지키고 있을 때 다뉴브 강의 어부들이 강을 건너 기습하는 적을 막기 위해 이 요새를 방어한 데서 그 이름이 유래하였다는 설까지 다양하다.

네오로마네스크와 네오고딕양식이 혼재된 이 요새에서 가장 인상적인 것은 고깔 모양을 한 건국 당시의 마자르족 일곱 부족을 상징하는 일곱 개의 탑이다. 어부의 요새는 전체가 긴 회랑으로 연결되어 있으며, 하얀색의 화려한 성벽과 마차시 성당까지 뻗어 있는 계단이 아름답다. 성 이슈트반 대성당이 탑의 높이로 건국의 해를 기념했다면, 이곳은 일곱 개의 탑으로 건국의 주체를 기억 속에 되살리고 있는 것이다.

어부의 요새는 원래 마차시 성당을 보호하기 위한 건축물이었는데 워낙 아름답고 완벽하게 만들어져 마차시 성당보다 더 사랑받는 곳이기도 하다. 부다페스트의 상징으로 도시를 홍보하는 거의 모든 안내문에 나오는 이 요새는 산책하고, 앉아 쉬고, 아름다운 강의 경치를 감상하기에 완벽한 장소이다. 낮에 보는 전망도 좋으나 해가 진 이후에 보는 야경이 더 아름답다.

어부의 요새에서 보는 세체니 다리 풍경

마임을 하는 사람과 필자

요새를 올라가는 계단에 마임을 하는 사람이 있었는데 처음에는 밀랍 인형으로 착각했다. 그만큼 움직임이 없었다. 하지만 조금 지나 아이들이 지나갈 때 장난을 쳐서 사람인 줄을 알았다. 주변의 사람들이 모두 처음에는 깜짝 놀라 기겁했다. 인형인 줄 알다가 아이들에게 장난을 치니 아이들은 더 놀랐다. 지나가는 사람들은, 특히 아이들은 앞에 놓인 모자에 돈을 넣고 사진을 찍는다. 나도 기념으로 약간의 돈을 지불하고 사진을 찍었다.

어부의 요새 아래층의 레스토랑에서 흘러가는 다뉴브강을 바라보며 조금은 비싼 점심을 먹고 부다 왕궁으로 향했다. 언덕을 가로질러 가면서 보니 부다 왕궁터 주변은 아직 발굴이 진행 중이었다.

부다 왕궁은 헝가리 국왕들이 살았던 역사적인 성채로, 13세기 몽고 침입 이후에 에스테르곰에서 이곳으로 피난 온 벨라 4세는 방어를 위해 높이 솟은 부다의 언덕에 최초로 왕궁을 지었다. 부다 왕궁은 중세와 바로크, 19세기 양식의 가옥들과 공공건물들로 유명한 옛 성곽 지역 Várnegyed 옆에 있는 부다 언덕 남쪽 꼭대기에 지어졌으

부다 왕궁

미술관 외부의 조각상

외부 계단에 걸려 있는 대작

내부 작품

며 아담 클라크 광장과 푸니쿨라 계단식 열차 로 옆에 있는 세체니 다리와 이어져 있다. 이후 마차시왕 시절에 모든 건물은 르네상스 스타일로 변형되었고, 17세기에는 합스부르크의 마리아 테레사에 의해 개축되었으나, 전쟁과 화재 등으로 많이 훼손되어 19세기 후반부터 대대적인 보수가 시작되었으나 완공은 왕이 없어진 1950년에 되었다. 지금은 역사박물관과 국립미술관, 국립도서관 등으로 사용되고 있다. 2차 세계대전 당시 파괴된 현장을 복구하면서 수많은 유물이 발굴되었는데, 이 유물들은 역사박물관에 전시되어 있다. 국립미술관에는 11세기부터 현재까지의 헝가리 미술을 대표할 만한 많은 미술품이 전시되어 있다. 그중 2층에는 19세기 회화가 전시되어 있는데, 없는 시간을 내어서라도 꼭 관람을 권하고 싶다.

미술관은 개방하는 시간이 있어 왕궁의 외부는 뒤에 보아도 되기에 작품을 구경하기 위해 미술관부터 들어갔다. 그런데 폐장 시간까지 다 보지 못해서 다음 날 다시 오기로 하고 아쉽지만 나와야 했다. 그만큼 많은 작품이 있고 뛰어난 작품도 많으니 미술관의 작품을 꼭 관람해 보시기를 권한다.

이 왕궁에서 한국의 단체 관광객을 많이 보았다. 그런데 항상 느끼는 것이지만 왜 단체 관광객들은 그냥 바깥에서 시간만 보내고 있는지 이해가 되지 않았다. 왕궁 바깥에서 무리를 지어서 강만 보고 시간을 보내고 있다. 입장료를 또 내더라도 내부의 박물관이나 미술관 등을 구경하면 좋을 것인데 아마도 투어 경비에 포함이 되어 있지 않은 것 같았다.

왕궁을 나와 걸음을 엘리자베스 다리 쪽으로 옮겨 몇 번이나 그 앞을 지나쳤던 겔레르트 언덕과 시타델라 요새로 갔다.

겔레르트 언덕은 해발고도 220m로 부다 지구의 다뉴브강변에 있으며, 북쪽에 있는 옛 왕성의 유적과 다뉴브강 동쪽 기슭에 펼쳐진 페스트 지구를 한눈에 바라볼 수 있는 전망이 뛰어난 곳이다. 옛날에는 케렌 언덕이라고 불렸는데, 11세기에 이 언덕에서 순교한 성 겔레르트를 기리기 위해 이름을 바꾸었다고 한다.

헝가리 근대사의 슬픔이 서려 있는 겔레르트 언덕에서 지금 볼 수 있는 꼭대기의 시타델라 요새는 합스부르크 제국이 만든 것으로 이 시타델라의 기능은 오로지 페스트

엘리자베스 다리

소녀상

시타델라 요새

를 중심으로 발생하고 있던 헝가리 독립운동을 감시하는 망루였다. 동에서 서쪽으로 건설된 성벽의 길이는 200m, 높이는 4~6m, 그리고 벽의 두께는 1~3m이다. 1867년 오스트리아와 헝가리의 화해 협정이 체결되면서 요새 해체를 요구했으나 이후에도 30년간 군대가 주둔했고 1897년에 철수하면서 상징적으로 정문만 파괴했다. 2차 세계대전 때는 독일이 이 요새에 방공포대를 설치했고, 요새의 다른 쪽은 전범수용소로 이용했다. 전쟁이 끝나고 소련은 전승의 기념으로 1947년 시타델라 꼭대기에 높이가 40m에 달하는 소녀의 동상, 이른바 '자유의 여신상'을 세웠다. 이 소녀는 두 팔을 치켜든 채 '소련군이 마침내 승리했다'라는 징표로 승리를 뜻하는 종려나무를 펼쳐 들어 보인다.

헝가리에서 공산주의가 무너지자 '자유의 여신상' 철거가 제기되었으나, 그들은 영광도 치욕도 그들 역사의 일부분이고 또 그 기념비 보존을 통해 다시는 그런 잘못을 저지르지 않겠다고 생각하였다. 그래서 오늘도 그 자리의 '자유의 여신상'은 여전히 세상을 향해 승리의 종려나무를 펼쳐 보인다.

겔레르트 언덕의 중간쯤에 이 언덕의 주인공이자 수호신인 성 겔레르트의 거대한 석상이 다뉴브를 굽어보고 있다. 성 겔레르트는 이탈리아 베네딕트 수도회 수사로 본명은 지라르도 Girardo 이다. 당시 로마 가톨릭의 거물이었던 그는 헝가리의 이슈트반 왕을 도와 마자르인들을 기독교인으로 개종시키려는 목적으로 파견된다. 그러다 1,045년 그는 이교도들에게 붙잡혀서 헝가리 최초의 순교자가 되었다. 성 겔레르트 동상은 그가 통에 갇힌 채 죽음을 맞이했던 바로 그 언덕에 세워진 것이다.

멀리서 보는 겔레르트 언덕

겔레르트 언덕에서 내려오니 벌써 저

녁이 되었다. 숙소에서 잠시 쉬다가 저녁을 먹고 부다페스트의 야경을 즐기기 위해 유람선을 타러 갔다. 다뉴브강변에는 유람선이 엄청나게 많이 있으니 자기가 가고 싶은 코스를 골라서 타면 된다. 요금도 그렇게 비싸지 않으니 부다페스트에 가면 꼭 밤에 유람선에 타기를 바란다. 유람선을 타니 한국의 젊은이들이 몇 명 있었다. 내가 젊을 때는 외국이라고는 꿈도 못 꾸던 때였는데 시대가 이렇게 많이 변했다.

유람선을 타고 다뉴브강을 올라갔다 내려오면서 부다페스트의 야경을 즐기고 나니 어느새 자정이 되었다. 오늘 하루는 참 바쁘게 돌아다녔다. 아침부터 밤늦게까지 부다페스트 일대를 걸어 다니며 구경했는데, 가는 곳마다 감탄하지 않을 수 없는 아름다운 풍경이 눈앞에 펼쳐졌다. 왜 부다페스트를 '다뉴브의 진주'라 부르는지를 조금은 알 수 있을 것 같았다. 곳곳에 펼쳐진 명승지도 아름답지만, 그 명승지에서 바라보는 부다페스트의 풍경이 더 아름다웠다. 지난번에 베오그라드를 거쳐 오면서 베오그라드를 꼭 다시 오겠다고 생각했는데, 부다페스트는 오랜 시간을 머물면서 구석구석을 즐겨야 하는 곳이라는 생각이 들었다.

내일의 일정을 생각하면서 오늘을 정리한다.

어부의 요새와 세체니 다리 | 비가도

부다페스트 3 　세체니 온천 지구

　어제는 하루 종일 늦게까지 부다페스트 시내를 돌아다녀서, 오늘은 세체니 온천 지구로 가서 온천욕으로 여행의 피로도 풀고 그 일대를 돌아보기로 하였다. 그리고 저녁에는 오페라하우스에서 바흐의 '마태수난곡' 연주회에 가기로 하였다. 연주회 표는 예매했으므로 그 시간에 맞추어서 돌아오면 되는 것이다.

　헝가리는 온천의 나라로 전국에 약 1,000여 개의 온천이 있다고 하는데, 그중에 부다페스트 외곽에 자리 잡은 세체니 온천 지구는 시내와는 또 다른 관광지로 조성된 곳이다. 로마 시대 때부터 유명했던 세체니 온천은 부다페스트 여러 온천 중 가장 규모가 크다. 내부는 온천이라고 하기보다 놀이공원이라고 하는 것이 더 적당하여, 수영복을 입고 들어가 야외온천에서 수영과 물놀이를 즐기기도 하고, 실내에서는 유황 온천과 사우나를 즐길 수 있다. 단 하나의 단점은 보관함 열쇠를 주지 않아 자신이 자기의 보관함 번호를 기억했다가 종업원에게 열어 달라고 하는 것이다. 온천에서 물놀이하고 사우나와 온천욕을 하고 나오니 점심때가 되었는데 온천 내부에 카메라를 가지고 들어가지 못해 사진은 찍지 못한 것이 아쉬웠다.

　온천장을 나와서 주변을 거닐다가 보니 시장이 서 있다. 무슨 시장인지는 모르겠으나 사람들이 북적거리며 온갖 음식을 만들어 팔고 있는 상당히 많은 사람이 붐비고 있는 시장이었다. 내 여행의 원칙에 따라 점심때가 되었기 때문에 이 시장에서 현지인들이 하는 그대로 음식을 사서 간이 의자에 앉아서 먹었다.

시장의 음식

시장의 모습

시장에서 점심을 먹고 주변을 보니 고성이 보인다. 이 시 외곽에 무슨 성이 있는지 의문이 들어 성 주변으로 가니 제법 아름답게 지어진 성으로 바이다후냐드성이다. 루마니아에 있는 바이다후냐드성을 모방한 것이기 때문에 이 성도 같은 이름이 붙었다고 하는데, 설명을 보니 지금은 농업박물관으로 사용하고 있었다.

이 성은 헝가리 건국 천년을 기념하여 세운 것으로 처음에는 건국 천년 기념 전시 건물 용도로 임시로 지어졌지만, 사람들의 관심이 커지자 영구적인 건물을 짓게 되었고 1907년에 완성되었다. 이 성은 헝가리 전역에 있는 특징적인 건물들을 표현하고 있으므로 헝가리의 천 년 동안의 건축의 상징이라고 할 수 있다. 성 주위에 있는 호수는 다뉴브강의 물을 끌어들여 만든 인공호수이고, 성 안에는 작은 예배당, 바로크 양식의 궁전 등이 있다.

성 주변을 구경하고 나서 광장 쪽으로 발길을 돌리니 처음에는 별 기대를 하지 않았던 세체니 온천 지구가 점점 매혹적으로 다가왔다. 내가 이 여행을 떠나기 전에 한국에서 EBS 방송으로 부다페스트를 보고 '저곳이 어디지?' 하고 의문을 가지며 부다페스트에서 꼭 가보아야지 했지만 보지 못한 것이 있었는데, 바로 이 세체니 온천 지구의 영웅 광장이었다.

바이다후냐드성

부다페스트라는 글자가 서 있는 영웅 광장 전경

영웅 광장 Heroes' Square 은 헝가리 천 년 역사의 위대한 인물들을 기리기 위해 1896년에 지어진 광장이다. 광장 중앙에는 36m 높이의 기둥이 있고, 이 기둥을 기준으로 반원의 형태로 주랑이 두 부분으로 나누어져 반원형의 왼쪽에 7명, 오른쪽에 7명의 영웅 청동 입상이 서 있다. 14명의 영웅 중 왼쪽 첫 번째 자리엔 국부로 추앙받는 성 이슈트반이 있으며 그 옆으로 성 라슬로왕, 벨라 4세, 마차시왕 등등의 청동상도 있다. 오른쪽에는 왕과 함께 헝가리 독립을 추구한 투사들도 등장한다. 14번째에는 라요시 코수트의 동상이 있다. 각 동상의 하단에는 헝가리 역사에서 중요한 명장면을 담은 청동 부조물이 한 점씩 걸려 있어 헝가리 역사를 한눈에 볼 수 있게 한다. 대표적으로 이슈트반왕의 동상 아래 부조에서는 그가 1000년에 교황 실베스테르 2세가 보낸 주교에 의해 왕관을 받는 장면이 그려져 있다. 에스테르곰의 여행기를 참조하시기를 바란다.

헝가리 건국 밀레니엄인 1896년 공사가 시작되어 1929년에야 끝나 완공된 영웅 광장의 원래 명칭은 '밀레니엄 기념광장'이었으나 1932년 '영웅 광장'으로 변경되었다. 영웅 광장의 왼쪽에는 예술사 박물관, 오른쪽에는 미술사 박물관이 영웅 광장을 마주 보며 지키고 있는 모습이다.

영웅 광장에는 손님들이 타고 맥주를 마시며 영웅 광장을 돌고 있는 맥주 차가 있다. 영웅 광장을 돌아다니는 맥주 차를 꼭 타 보고 싶었는데 젊은이들은 타고 있었으나 나는 아쉽게도 타지는 못하고 구경만 했다. 영웅 광장에서 젊은이들이 맥주 차를 타고 환호하면서 유쾌하게 즐거워하는 모습을 보니 '나도 저 시절로 다시 돌아갈 수만 있다면' 하는 생각이 너무 간절했다. 하지만 흘러간 시간을 어떻게 되돌릴 수 있을까? 그저 보고 즐겁게 생각만 하는 것이다.

젊은이들에게는 낭만을 즐기기에 너무나 멋진 곳이다.

영웅 광장 가운데의 밀레니엄 기념탑 Millenniumi Emlékm 꼭대기에는 이슈트반에게 왕권을 부여하라고 로마 교황에게 계시를 내린 날개 달린 천사장 가브리엘의 상이 서 있다. 가브리엘 천사는 오른손에 헝가리의 왕관을, 왼손엔 그리스도의 사도를 의미하는 십자가를 지니고 있는데, 이는 이슈트반이 헝가리를 개종시켜 성모 마리아에게 바쳤다는 의미이다. 원주의 맨 아랫부분에는 헝가리 민족을 인도했던 일곱 부족의 부

맥주차를 타고 즐거워 하는 젊은이들

기념탑 하단부의 마자르 7인의 부족장

기념탑의 가브리엘 천사상

밀레니움 기념탑

족장들이 동상으로 서 있다. 그 앞엔 꺼지지 않는 불이 타고 있는 무명용사의 무덤이 있으며 바닥에 깔린 동판에는 '마자르인들의 자유와 독립을 위해 그들 자신을 희생한 영웅들을 기억하며'라는 글귀가 새겨져 있다.

이 영웅 광장을 뒤로 하고 숙소로 일찍 돌아왔다. 저녁에 오페라하우스에서 바흐의 '마태 수난곡'을 듣기로 예약이 되어서 그 시간이 되기 전에 식사도 하고 휴식해야 했기 때문이다.

리스트와 바르토크로 대표되는 헝가리 음악을 이끌어 가는 페스트의 브로드웨이라 할 수 있는 안드라시거리 22번지에 있는 오페라하우스 Magyar Állami Operaház 는 헝가리 오페라의 본산이다. 오페라하우스는 1875년에 공사를 시작하여 1884년에 완공되었고, 1980년 전면적인 리모델링을 거쳐 현재의 모습으로 재개관했다. 네오르네상스식인 이 건물은 개관 당시 유럽에서 가장 현대적인 오페라극장으로 입구 오른쪽에는 리스트의 동상이 있다. 이 극장은 무대의 깊이가 43m에 이르며, 천장의 샹들

오페라 하우스 전경

오페라 하우스의 화려한 내부

공연이 끝난 뒤의 인사

리에는 무게가 3톤이나 된다고 한다. 부다페스트에서도 가장 아름다운 건물로 꼽히는 곳인 오페라하우스의 내부에는 헝가리의 유명 화가들이 그린 걸작 그림들로 장식되어 화려함을 뽐내고 있다.

여행하는 도중에 시간의 여유를 찾아서 공연을 하나쯤은 보는 것이 참 좋을 것이다.

유럽의 공연장은 모두가 화려하고 아름답게 꾸며져 있어서 그 공연장을 구경하는 것도 하나의 관광이다. 그에 비해 우리나라의 공연장은 규모는 유럽에 못 하지 않으나 화려한 맛이나, 아름다운 멋은 좀 뒤 떨어진다. 왜 그럴까? '아마 우리나라의 전통적인 연주나 놀이의 형태는 마당놀이가 주였기 때문이 아닐까?' 하는 의문도 가져 본

리스트의 흉상

오페라 하우스 로비

다. 실내를 장식할 필요가 없었기 때문이리라는 생각은 순전히 나의 생각이다.

공연을 마치니 밤 10시경이 되었다. 먼 이국에서 공연을 보고 듣는 재미도 쏠쏠하다. 내가 여행을 다니면서 대도시에 갈 때는 시간만 맞으면 공연을 본다. 사람들은 이 이야기를 하면 '공연 관람비가 많이 들지 않느냐?'고 의문을 표시한다. 하지만 관람 요금은 우리나라에 비해서 상상 이상으로 저렴하다. 우리 돈으로 5만 원이 안 되어도 좋은 좌석에서 좋은 공연을 즐길 수 있다. 우리나라에서는 외국의 단체를 초청하기 때문이겠지만 공연 표가 터무니없이 너무 비싸다. 그래서 나는 여행 중에 현지에서 공연을 되도록 많이 본다.

공연을 마치고 숙소로 그 감흥을 가지고 걸어오면서 몇 번이나 그냥 지나쳤던 시내에 있는 대회전차가 돌고 있는 모습을 보았다. 이 멋진 야경에 대회전차를 타면 어떤 풍경이 보일까? 생각하니 해 보아야 할 것이 너무나 많지만 다 할 수 없기에 그냥 생각만으로 즐겁게 느끼며 지나간다.

불을 밝히며 돌고 있는 대회전차

　　세체니 온천 지구에 여행의 피로도 풀고, 온천욕도 할 목적으로 간단히 생각하고 갔는데 기대 이상으로 많은 것을 보았다. 솔직히 나의 여행은 대부분이 사전 지식이 없이 떠난다. 그래서 못 보고 지나치는 경우도 많이 있지만 되도록 많은 것을 보고 느끼고 즐기려고 노력은 한다. 그러기에 여행 중 가장 기쁜 일이 전혀 예상하지 못한 곳에서 예상하지 못한 것을 보고 즐기는 것이다. 오늘의 세체니 온천 지구가 그렇다. 내가 한국에서 방송으로 본 곳이 이곳인 줄은 상상도 못 했다. 이런 새로운 발견의 즐거움이 자유롭게 여행하는 가운데 찾는 즐거움이다.

　　내일은 또 어떤 즐거움이 나에게 다가올 것인지를 기대하는 것도 즐거운 상상이다.

부다페스트 4 부다페스트에서의 부활절

오늘은 일요일이며 부활절이다. 부다페스트에서 맞이하는 부활절이라 특별히 성이슈트반 대성당에서 부활절 미사를 보고 하루를 좀 차분히 보내자고 생각했다. 여행이 길어짐에 따라 몸의 피로도가 쌓이고 아직 계획한 여행의 일정도 제법 남았기에 서서히 완급을 조절할 필요가 있었기 때문이다. 그래서 오전에는 미사에 참여하고, 오후에는 저번에 제대로 보지 못했던 부다 왕궁의 국립미술관에 다시 가서 미처 보지 못한 그림을 보고 한가로이 시내를 거닐면서 소요하기로 하고 아침을 먹고 성이슈트반 대성당으로 갔다.

헝가리는 전통적인 가톨릭 국가라 부활절을 아주 성대하게 지내는 것 같았다. 성당에 가니 수많은 사람이 미사에 참여하고 있는데 우리나라의 성당과는 좀 다르게 이곳의 성당에는 앉는 의자가 그렇게 많지 않았다. 대부분의 사람은 자유롭게 서서 사제의 의식에 따라 경건하게 미사에 참여하고 있다. 오늘이 부활절이라 추기경이 직접 예식을 집전하였고 영성체 때는 추기경이 직접 줄을 선 모든 신자에게 성체를 주었다. 나도 추기경님에게 영성체하였는데 무엇인가 모르는 벅찬 느낌이 들었다. 미사가 끝나고 성당의 성가대들이 파이프오르간의 연주에 맞추어 헨델의 메시아 중 할렐루야를 부를 때는 그 엄숙함과 장엄함이 전체를 압도하였다. 파이프오르간의 소리가 이렇게 좋다는 것을 이번 여행에서 확실히 느꼈다.

미사가 끝나고 성 이슈트반 대성당의

부활절 미사 광경

할렐루야를 부르는 성가대와 파이프 오르간

아름답다기보다 찬란한 내부의 장식

천정화

제단

스테인드글라스

헝가리 Hungary

내부를 찬찬히 돌아보며 사진을 찍었다.

부활절미사에 참여하고 숙소로 돌아와 점심을 먹고 국립미술관에 가기 위해서 다시 부당왕궁으로 향했다. 걸어가는 도중에 여러 곳의 기념관도 있고, 무슨 축제에 참여하기 위해서인 것 같이 공연을 위해 젊은 남녀 학생들이 헝가리 민속춤을 연습하고 있는 광경이 보여 잠시 구경했다.

여러 곳을 눈요기로 구경하면서 부다 왕궁의 국립미술관에 들어가서 저번에 보지 못하고 돌아온 곳부터 그림을 다시 보기 시작해서 관람을 마치니 벌써 늦은 오후가 되었다. 국립미술관에는 정말로 좋은

성 이슈트반 상

미술관의 작품들

조금 에로틱한 조각상
– 아이가 보지 못하게 아이의 머리를 누르고 있다

왕궁으로 올라가는 푸니쿨라

왕궁에서 보는 세체니 다리

작품이 많았다. 미술에 대해 별로 지식은 없지만, 내 마음에 든 작품들을 사진을 찍었고 그중에서 몇 작품만 소개한다.

이 국립미술관에는 수 세기에 걸친 헝가리의 미술작품이 전시되어 있으니 부다페스트에 가는 사람들은 부다 왕궁의 외형만 보지 말고 꼭 국립미술관에서 그림을 감상하기를 바라는 바이다.

국립미술관을 나와 부다 왕궁을 내려오면서 옆을 보니 부다 왕궁과 아래를 연결해 주는 푸니쿨라가 다니고 있다. 부다 왕궁이 제법 경사가 있는 언덕에 있어 통행의 편의를 위해 만들어 놓은 것이다.

오늘로써 부다페스트에서의 일정은 끝났다. 약 일주일을 부다페스트에 있었는데 막상 떠나려고 하니 보지 못한 곳이 너무 많은 것 같다. 언젠가 내가 글에서 이야기한 것 같이 내가 태어나고 자란 도시도 아직 다 모르는데 하물며 외국의 도시를 어떻게 짧은 기간에 알 수 있으랴? 그저 수박 겉만 구경하고 속살은 먹어 보지도 못한 것이 아쉽지만 이 정도에 만족하고 부다페스트의 일정을 끝내야 한다. 왕궁에서 내려와서 여러 거리를 걸으면서 구경하고 시장도 구경하고 돌아오면서 보니 대형할인점 같은 곳은 모두가 부활절이라 문을 닫았다. 여행을 하는 사람들은 이런 점을 알아야 한다. 우리나라처럼 하루 종일 문을 열고 장사를 하는 곳은 드물다.

내일은 부다페스트를 떠나 헝가리 남쪽에 있는 세게드로 가서 몇 날을 머물면서 그 주변의 여러 곳을 다닐 생각이다. 국경을 넘어 몇 곳을 갔다 오는 여정이지만 한 곳에 베이스를 치고 다니는 것이 편해서 세게드에 숙소를 정하고 다녀오기로 생각했다.

내일은 하루 종일 이동해야 한다.

세게드와 수보티차 세르비아　대학의 도시

오늘은 이동이 주된 목적인 날이라 아침부터 서둘러 이동 준비를 하였다. 아침밥을 먹고 세게드행 기차를 타기 위해 부다페스트의 뉴카티역으로 갔다. 기차는 뉴카티를 10시 50분경 출발하여 약 4시간이 걸려서 세게드역에 도착했다. 세게드는 헝가리에서는 제법 큰 도시로 숙소를 찾아가면서 길가를 살펴보니 상당히 큰 건물들도 보이고 제법 사람들도 많이 보인다. 이곳에 숙소를 정하고 이 주변의 여러 도시를 갔다 올 생각이어서 먼저 버스 터미널과 기차역에서 교통편을 확인하였다.

아름다운 조형물이 있는 광장

다음 날 세르비아의 수보티차를 구경하기 위해서 버스를 타고 국경을 넘었다. 국경을 통과하는 절차를 거치고 수보티차에 도착하여 관광을 시작하였는데 수보티차는 조그마한 마을이기에 시간이 별로 걸리지 않고 한 바퀴 돌아볼 수 있었다.

외부 장식이 아름다운 성당

수보티차 Subotica 는 세르비아 북부 보이보디나주에 있는 인구 약 십오만 정도의 도시로, 헝가리 국경에 가까우며 다뉴브강 주변 평야에 위치하는 베오그라드에서 부

외양이 아름다운 건물

이름이 기억나지 않는 기념탑

이름이 기억나지 않는 기념탑

다페스트로 가는 기차의 중간역이다. 오래전부터의 도시였으나 13세기 타타르의 침입 때 파괴된 것으로 보이며, 1391년 저바드커라는 이름의 헝가리 왕국의 정착지로 처음 역사에 등장했다. 이후 헝가리의 세력 아래에 있었고, 1차 세계대전 후 오스트리아-헝가리의 패배로 주민의 대부분이 헝가리 인이지만, 유고슬라비아에 속하게 되었다. 세르비아 북부의 농업과 공업의 중심지이며, 교통의 요지로 주변 농산물의 집산지다. 베오그라드대학의 분교 법학부 가 있다.

　수보티차를 다녀오니 시간이 제법 남아 세게드 일대를 구경하였다. 세게드에서는 사흘이나 머물기 때문에 시간이 나는 대로 주변을 이곳저곳 다녔다.

259

세르비아 수베르코차(수보티차) 베오그라드 노비 사드

세게드 광장의 야경

Dom Square – 헝가리의 위대한 인물들을 기리기 위해 그들의 조상을 걸어 놓은 건물

Saint Demetrius Tower

The Votive 예배당

세게드 Szeged 는 인구 약 20만 명 정도의 헝가리 남쪽에 있는 도시로 세르비아 국경에서 5km, 루마니아 국경에서 20km 지점에 있다. 다뉴브강 지류인 티사강 연안에 자리한 강변의 항구로, 지명은 '왕의 흰 성'이라는 뜻에서 유래되었고, 10~15세기에 아르파드 왕조의 군사적인 거점이었다. 1879년 홍수에 의해 시의 일부가 파괴되었으나 근대적인 도시로 재건되어 식품 살라미소시지 , 섬유, 피혁, 시멘트, 목재 가공 등 공업과 축산이 발달하였고, 문화와 학술의 중심지로 대학, 박물관 등 문화시설이 많다.

세게드 숙소로 가는 도중에 구경도 하고 궁금증을 풀기 위해 식당으로 갔다. 어제 길가를 구경하면서 보니 'Korea Chicken House'라는 간판이 보여서 너무나 놀랐다. 우리에게는 전혀 알려지지 않은 이곳에 무슨 한국 치킨집이 있느냐는 의문을 가지고 가니 문을 닫아 놓아 궁금했는데 오늘은 그 집을 가보기로 했다. 치킨집에 가서 문을 열고 들어가니 진짜로 한국인 남자 사장님이 운영하고 있다. 주인도 깜짝 놀라며 말하기를 이곳에 한국인 관광객은 일 년에 몇 사람이 오지도 않는 곳인데 어떻게 왔느냐고 묻는다. 주인과 이야기하면서 보니 아내는 헝가리 사람이었다. 그런데 주위를 둘러보니 20살 정도의 한국인으로 보이는 젊은 남자 두 명이 밥을 먹고 있었다. 호기심에 이야기 나눠 보니 유학생이란다. 이곳 세게드의 의대가 유명하여 유학을 왔다고 하면서 한국 유학생이 백 명도 넘게 있다고 말하기에 깜짝 놀랐다. 여기에 무슨 유학생이…… 그런데 그 학생들이 말하기를 일본과 중국의 유학생은 한국 학생보다 더 많다고 했다. 우리나라뿐만 아니라 동양 삼국의 교육 폐해라고 생각되는 현상으로, 한국에서 의대에 가지 못해서 부모들이 이곳으로 유학을 보낸 것이다. 한 십년 전에는 필리핀에 갔으나 필리핀이 치안이 불안해서 이곳으로 바꾼 것이다. 그 학생들의 이야기를 들으니 서울의 한 유학원에서 몽땅 보낸다고 하였다. 하지만 그들은 앞날이 걱정이기는 마찬가지였다. 이곳에서 의대를 졸업해도 한국에서는 개업할 수가 없는 것이다. 주인과 이야기해 보니 이곳이 물가도 싸고 해서 학생들의 부모가 여행 겸 학생들의 숙식을 해결해 주기 위해서 이곳에 같이 머무는 경우도 많다고 하였다. 쓸쓸한 현실이다. 이곳을 다녀와서 블로그에 이 글을 쓰고 다시 원고를 정리하는 도중에 뉴스를 보니 외국에서 의대를 졸업한 학생에게도 우리나라 의사 국가고시를 응시할 수 있는 학교를 확대하는 정책이 시행된다고 하였다. 자세히는 모르겠으나 이 학생들에게는 참으로 다행이구나 하는 생각이 들었다.

이곳에서 저녁으로 비빔밥을 한 그릇 먹고 숙소로 돌아오니 무언가 마음이 무겁다. 여행하면서 이런 일도 볼 수가 있다고 생각하며 하루의 일정을 마치고 잠을 청했다.

페치 PECS 새로운 만남의 장소

다음 날은 우리나라에는 전혀 알려지지 않은 페치라는 곳을 가보기로 했다. 우리나라 사람들은 헝가리에 가면 대다수는 부다페스트 부근만 가지만 조금만 찾아보면 좋은 다른 고장도 많다. 그중의 하나가 페치다.

페치의 인구는 약 17만 명 정도이며, 헝가리 보로니오주 메체크 산맥의 남쪽 경사면에 위치하며 동쪽 교외에 탄전이 있고 최근에는 우라늄광의 산출로 유명해졌다. 헝가리 다뉴브강 이남에서는 가장 오래된 도시로 로마 시대에는 이 지방의 중심지였다. 그 뒤에는 마자르족이 살았고, 11세기 초에는 주교구청이 있었으며, 중세에는 수공업과 농산물의 교역으로 번창하였다. 16세기 중엽부터 17세기 말까지 오스만 튀르크에 점령당했는데 지금도 시내의 이슬람교 사원 현재는 로마가톨릭교회 과 이슬람교 첨탑 미나렛 에서 그 흔적을 엿볼 수 있다. 11세기의 로마가톨릭 대성당과 1367년 창립된 헝가리 최고의 페치대학이 있다.

버스 터미널로 가는 도중에 눈이 내린다. 4월도 다 지나가는 시간인데 늦은 눈이 내리니 기상 변화가 심하다. 세게드에서 페치는 제법 먼 곳에 있어 하루에 다녀오려면 제법 시간이 걸리기 때문에 빨리 움직여야 했다. 약 4시간이 걸려 페치에 도착하여 버스 터미널에서 이곳에 온 목적지를 향하여 방향을 정하고 눈비가 오는 날씨에도 불구하고 거리를 걸어갔다. 내가 이곳을 무리하여 온 목적은 페치에 초기 기독

CELLA SEPTICHORA 전경

성 베드로와 바오로의 성당 외양

성 베드로와 바오로의 성당 입구의 부조

지하 묘지 입구

초기 기독교의 문양이 보인다

많이 퇴색된 초기의 벽화

지하층과 2층으로 되어 있는 성당의 내부

교의 유적이 유네스코에 등록되어 있다는 설명을 보고 그곳을 보기 위한 것이다.

이 유적지에서 가장 먼저 간 성 베드로와 바오로의 성당은 4개의 종탑이 성당의 사면에 자리 잡고 있다. 이곳은 평소에는 문을 잠가 놓고 시간에 맞추어 문을 열기에 관리사무소에 미리 이야기하고 시간을 맞추어야 한다.

성당을 나와 아래로 내려가면 초기 기독교의 지하 묘지가 있는데 처음에는 입구를 찾지 못해 조금 헤매었다. 주변의 관리인에게 위치를 물어 지하 묘지의 입구로 들어가니 이 공간은 교육의 장소로 이용하기 위해 여러 구조를 나누어 설명하고 있었다.

CELLA SEPTICHORA는 방문객 센터를 지나 지하로 내려가면 2000년에 유네스코 세계문화유산에 등재된 초기 기독교의 공동묘지로, 로마 시대의 초기 기독교의 자취를 볼 수 있다.

4세기경에 화려하게 장식되어 만들어진 묘지들인 네크로폴리스 공동묘지 가 현재 바라냐 Baranya 주의 도시 페치 Pécs 인 '소피아나 Sopianae '라는 로마 지방 마을에 건설되었다. 지하에는 공동묘지, 지상에는 추모 예배당의 구조로 건설되었기 때문에 구조적으로 매우 중요하다. 또 묘지는 기독교적인 주제를 탁월하게 묘사한 벽화로 풍부

지하 묘지의 내부

하게 장식되어 있어서 예술적 측면에서도 역시 매우 중요하다.

이 지하 묘지에 대해서는 내가 설명할 지식이 조금도 없어서 인터넷을 뒤져서 '유네스코와 유산' 사이트와 같은 여러 곳을 참조하고, 네이버 지식백과에서 페치 소피아 나의 초기 기독교 네크로폴리스를 요약했다.

그래서 내가 찍은 사진만 보여 드리니 자세한 것은 위에 말한 네이버를 참고하면 어느 정도의 지식을 얻을 수 있을 것이다.

이곳은 아직도 발굴이 진행 중이며 교육의 현장으로 곳곳에 설명하는 장소가 마련되어 있다.

이 지하 묘지를 구경하고 비가 내리는 중앙 광장으로 갔다. 어느새 시간이 많이 흘렀으나 점심을 먹지 않아 광장 주변의 카페에 들어가니 많은 젊은이가 앉아서 차를 마시거나 식사하면서 떠들썩하게 모여 있다. 어디에서나 젊음이 좋은 것이다.

이 중앙 광장이 페치의 가장 중심이 되는 지역으로 각종 학교와 박물관 유적이 모두 집결되어있어 젊은이들이 항상 붐비는 곳이다.

세치니 광장의 뒤편에 보이는 모스크는 지금은 교회로 사용되고 있으며 앞에 보이는 조각상은 성 삼위일체 조각상이다.

이곳을 구경하고 다시 세게드로 돌아오니 시간이 늦어 벌써 밤 9시가 되었다. 늦은 저녁을 간단하게 해결하고 오늘을 마무리한다.

목적지를 정해 놓지 않고 여행을 다니면서 다시 목적지를 정해 갔다 오는 여행은 참으로 피곤한 일이다. 하지만 전혀 알지도 못한 곳에서 기대하지 못한 경치나 유적을 구경하는 것은 참으로 기쁜 일이다. 여행의 참맛은 우리가 항상 보던 곳을 또 보고 즐기기보다 새로운 만남을 찾아 나서는 데에 있는 것이 아닐까? 길은 다른 길로 이어져 새로운 길을 항상 우리에게 보여주고 밝혀 준다. 항상 새로운 길을 찾아가는 기쁨이 오늘 있어서 즐겁다.

세치니 광장의 Hussan Jakovali 모스크

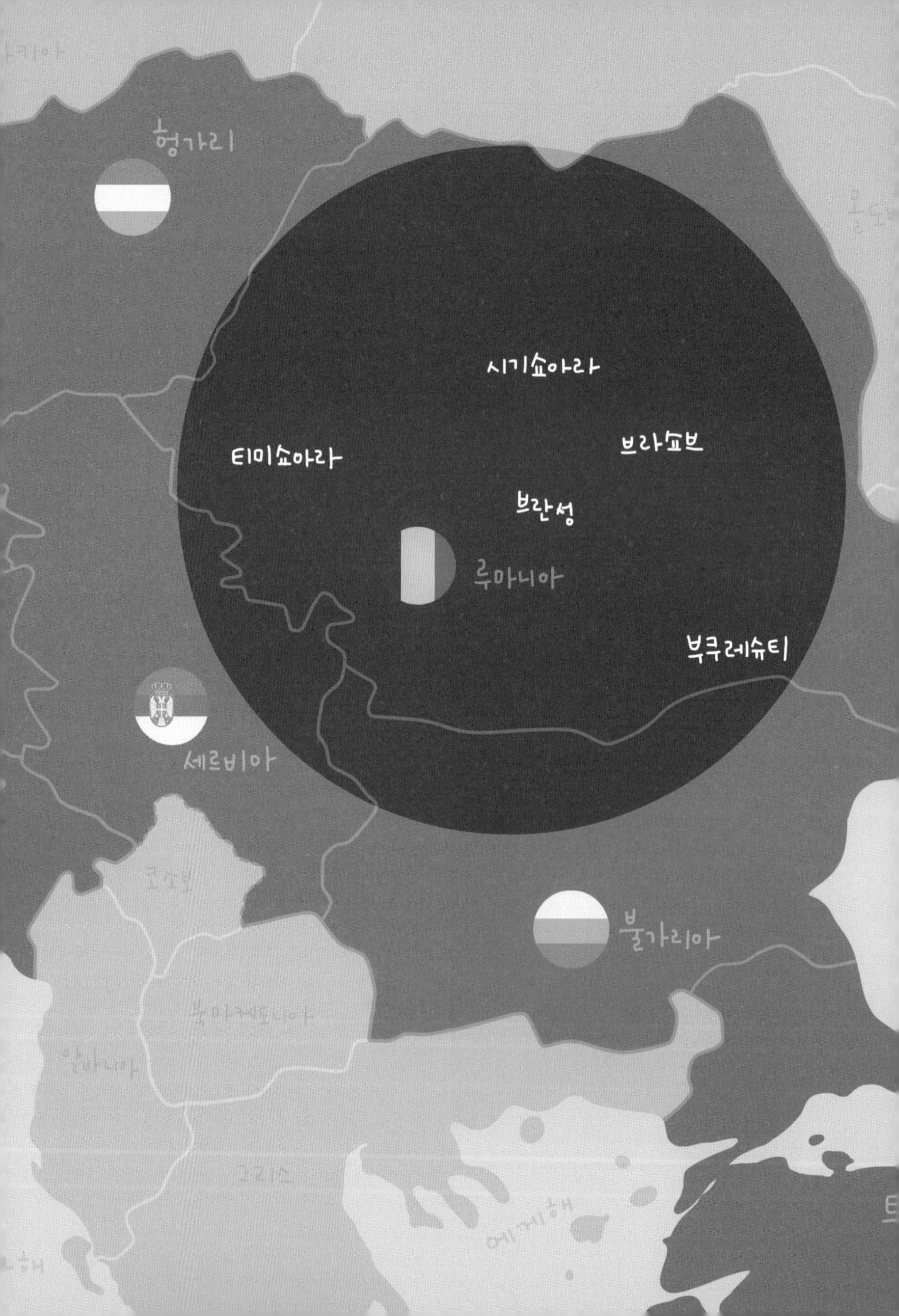
헝가리
시기쇼아라
티미쇼아라
브라쇼브
브란성
루마니아
부쿠레슈티
세르비아
코소보
불가리아
북마케도니아
알바니아
그리스
에게해

루마니아 Romania

티미쇼아라 광장의 도시

이제 헝가리를 떠나 루마니아의 첫 여행지인 티미쇼아라로 가려고 세게드역에서 기차표를 사려 하니 직원들이 전혀 영어를 알아듣지 못하고, '인터네셔널'이라고 적힌 창구로 가라고 한다. 그 창구에는 능숙하지는 않으나 영어가 통하는 직원이 있었는데 나도 영어가 능통하지 않은 것이 서로에게 더 편했다. 외국을 돌아다닐 때 상대방의 영어가 능통하지 않은 것이 편리한 점도 있다. 영어를 공용어로 사용하는 나라가 아니면 그들도 영어는 외국어라 능숙하게 말하는 사람은 드물다. 그러니 필요한 단어만 가지고 의사소통을 하는 것이다. 하여튼 표를 사서 국제기차를 타고 약 5시간이 걸려서 티미쇼아라에 도착했다.

티미쇼아라 Timişoara 는 루마니아 서부 티미슈현의 공업도시로, 부쿠레슈티 서북서쪽 티미슈강 중류의 강변에 위치하는 인구가 35만 정도의 제법 큰 도시로, 지명은 마자르어로 '티미시 강가에 있는 도시', 또는 '성 var'이라는 뜻이며, 교통의 요충지로 여러 공업이 발달하였다. 고대 로마의 식민지였으며, 1247년의 기록이 전하는 오랜 도시로 1552~1716년 오스만 튀르크의 지배를 거쳐 1차 세계대전 전까지 오스트리

The Mitropoly Cathedral

시내의 공원

Freedom Square

광장의 조각상

아의 지배를 받았고 1920년 루마니아에 합병되었다. 시내에는 15세기의 성과 18세기의 대성당, 대학이 있다. 숙소에 여장을 풀고 시내 구경을 나갔다. 티미쇼아라는 내일 브라쇼브를 가기 위해 거쳐 가는 도시라 이번 여행에서 중요한 곳은 아니지만 티미쇼아라도 나름대로 볼거리가 있다.

티미쇼아라 구시가 중심에는 여러 개의 광장이 있는데 그 광장들은 모두 연결되어 있고, 광장을 중심으로 시가지가 발달해 있으며, 역사적으로 또 건축학적으로 가치가 높은 1748년에 세운 가톨릭성당, 1734년에 세운 세르비아인들의 정교회, 미술관, 19세기 바로크양식의 대저택 등등의 많은 건축물이 들어서 있어 천천히 걸어서 구경하기가 편하다.

또 광장에는 과거의 흔적뿐 아니라 테라스가 있는 레스토랑, 카페, 술집 등이 있어 사람들이 항상 북적거리며 활기가 넘친다. 광장 주변에는 수많은 가게가 지나가는 행인들의 눈길을 끌고 있고, 광장에 마련되어 있는 벤치나 잔디밭 모퉁이, 분수대 주변에 많은 시민이 휴식을 취하거나 느긋하게 산책하고 있다. 특히 이곳 분수대는 '기적의 샘물'이라고 불리는데, 병을 고치는 효과가 있다고 알려져 병에 물을 담거나 분수에 손을 담그고 성호를 그리는 시민들을 종종 볼 수 있다. 분수대 안에는 빈에서 제작되어 배로 이곳까지 옮겨왔다는 바로크 양식의 삼위일체상이 서 있다.

티미쇼아라의 중심지이자 가장 큰 광장인 빅토리에이 Victoriei 광장 한쪽에 있는 국립극장과 오페라 하우스는 1871년 건설을 시작해 1875년에 완공했다. 이후 두 차례 화재로 파괴되었기 때문에 애초 모습은 거의 남아 있지 않다. 현재 모습은 1920년 두 번째 화재 후 루마니아 건축가 두일리우 마르쿠 Duiliu Marcu 가 설계했으며, 20세기 초 루마니아에서 유행했던 네오비잔틴 양식으로 지은 것이다. 프레스코화는 화가 키리아코프 Kiriakoff 의 작품으로, 루마니아 역사나 전설 속의 인물들을 묘사하고 있다고 한다.

티미쇼아라 시내를 가벼운 마음으로 걸어 다니며 구경하다가, 시장해서 저녁을 먹으러 들어간 레스토랑은 작은 도시에 비하여 상당히 고급스러운 식당이었다. 내가 잘못 들어갔는지는 모르겠으나 내부도 화려하게 꾸며져 있었고 손님들도 여유가 있게 보였다. 아마도 이곳에서 제법 비싼 레스토랑인 것 같았다. 하여튼 저녁을 먹고 시내를 돌아보다가 숙소로 돌아왔다.

티미쇼아라를 가볍게 구경하고 브라쇼브로 이동했다. 브라쇼브는 너무나 멀다. 기차로 이동하는 시간이 열 시간이 더 걸려 하루 종일 이동하는 데 다 보냈다. 4월이 다 지나가는 때에 눈이 내리고 있다. 기차를 타고 가면서 보는 풍경이 설국으로 온 사위가 하얗게 변한 세상이다. 우리나라에서 겨울에도 눈을 보기 어려운 남쪽 지방

국립극장과 오페라 하우스

빅토리에이 광장

이름이 기억이 나지 않는 성당

브라쇼브로 가는 도중의 풍경

아름다운 시내의 건물

에 살고 있는데 머나먼 타국에서 눈을 보면서 즐긴다. 여행에서 즐길 수 있는 또 다른 재미다.

브라쇼브에 도착하니 벌써 저녁도 늦은 시간이라 숙소에 짐을 부리고 나가서 저녁을 해결하고 내일부터의 일정을 계획하고 잠자리에 든다.

오늘은 하루 종일 이동만 한 날이다.

시기쇼아라   중세 요새 도시

브라쇼브에 숙소를 정하고 근처 여러 곳을 다녀오기로 계획을 하였기에 아침 일찍부터 서둘러 시기쇼아라로 가는 기차에 몸을 실어 약 3시간이 걸려 시기쇼아라역에 도착했다. 이번 발칸 여행에서 기차를 많이 이용하였는데 기차를 탈 때마다 느끼는 것은 우리나라의 기차가 참 편리하다는 것이다. 속도뿐만 아니라 기차의 성능이나 내부 시설이 너무나 뒤떨어져 있는 곳이 발칸이다. 하지만 이것도 익숙해져서인지 이제는 그러려니 하면서 기차를 타고 다닌다.

시기쇼아라의 상징 시계탑

트란실바니아 중심부의 고원 위에서 발달한 시기쇼아라는 인구 약 3만 명 정도의 작은 도시로, 트르나바 Trnava 강의 굽어진 부분이 내려다보이는 언덕이 주를 이루고 있다. 트란실바니아는 11세기에 헝가리 왕국의 영토가 되었는데, 12세기에 헝가리 왕국은 이 지역의 방어체제를 강화하기 위해 독일계의 장인들과 상인들을 이주시켰다. 이곳으로 이주해 온 장인과 상인들은 작센 지방에서 온 사람들이 많았는데 이들 작센 사람들이 1191년에 시기쇼아라시를 세웠다. 13세기에 헝가리 군주들로부터 트란실바니아를 정복하고 지킬 것을 명령받은 독일의 장인과 상인들은 구석기 시대의 흔적이 남아 있던 '시티 힐 City Hill, 언덕 위의 도시'에 정착했으며, 1280년에 라틴어로 '카스트룸 섹스 Castrum Sex, 작센인이 트란실바니아지방에 세운 7개의 성채도시 가운데 여섯 번째라는 뜻'로 알려진 이 도시는 장인들의 강력한 길드 guild 덕분에 상업 활동에 활기를 띠었고 각 길드는 탑을 건설해 방어를 책임졌다.

이곳은 1999년 유네스코가 지정한 세계문화유산으로 선정된 시기쇼아라 역사 지구가 있으며 블라드 체페슈 우리가 잘못 알고 있는 드라큘라 백작 가 태어난 곳으로 유명한 도시이다.

평범한 고원 위의 작은 요새 도시는 낡은 듯이 보이지만, 작고 알록달록한 색색의 작은 집들, 돌길, 창문의 꽃들로 장식된 소소한 풍경은 한 폭의 그림이 되어 이곳을 찾은 사람들이 이 도시와 사랑에 빠질 수밖에 없게 만든다.

역에서 내려 천천히 걸으면서 역사 지구로 발을 옮겼다. 시기쇼아라의 신시가지는 별로 볼 것이 없고 역사 지구에 대부분이 모여 있으므로 시간이 많으면 차분히 신시가지도 구경하겠으나 한정된 시간밖에 없기에 보고 싶은 것만 보기로 했다.

중세 성채 도시의 외관이 잘 보존되어 있어서 '루마니아의 보석'이라고도 불리는 시기쇼아라 역사 지구 Historic Centre of Sighişoara 는 가파르게 경사진 고원 전체에 넓게 퍼져 요새화된 유적으로 이루어졌고, '시티 힐'과 그 아래로 숲이 우거진 경사가 있는 저지대 도시가 주를 이루고 있다.

시기쇼아라 역사 지구는 수공업자와 상인이 중심이 되어 세운 도시로, 외부 침략으로부터 자체 방어가 가능한 요새 도시 형태를 취하고 있다. 성채 주변에 도시를 방어하기 위한 14개의 탑을 세웠다고 전해지나 현재는 9개가 남아 있다. 각 탑은 도시의 수공업자나 상인 조합의 길드에서 세우고 그 길드의 이름을 붙여서 불렀기 때문

트르나바강 건너편에 보이는 역사 지구

시계탑으로 올라가는 계단

시계탑에서 보는 시기쇼아라와 시내와 역사 지구

에 재단사의 탑, 모피상의 탑, 제화업자의 탑 등등의 흥미로운 이름을 가지게 되었다.

　시기쇼아라에 남아 있는 건축물 중 도시가 자치권을 얻은 것을 기념하기 위해 14세기 후반에 세워진 남쪽 요새 벽 중앙에 있는 인상적인 시계탑은 이 도시의 상징으로서 역사 지구에 있는 세 광장을 모두 차지하고 있으며, 위쪽 도시와 아래쪽 도시를 연결하는 계단을 보호하는 역할을 하였으나 지금은 박물관으로 사용되고 있다. 그 외 성벽 남쪽의 산상교회와 그곳으로 올라가는 목조 계단 등도 관광 명소로 유명하다.

　시기쇼아라에 있는 14세기 시계탑은 시에서 가장 중요한 역할을 했던 건물로 도시의 관문을 지키는 망루 역할을 함과 동시에 시의회 건물로 사용되었다. 도시를 대표하는 탑답게 눈에 띄는 아름다운 모습으로, 애초 30여m 높이였으나 16세기에 현재와 같은 64m 높이로 증축되었다. 이 시계탑은 1676년 화재로 소실되었다가 이듬해 재건되었고 이후에도 몇 차례 수리를 거치면서 오늘에 이르고 있다. 탑에 시계가 장착된 것은 1604년으로 처음에는 나무로 만든 시계를 설치했다가 1648년에 금속 시계로 교체했다. 시계 옆 벽감에 있는 나무 상들도 흥미롭다. 요새를 향하고 있는 벽에는 올리브 가지를 든 평화의 신, 칼과 저울을 든 정의의 신이 시간을 나타낸다. 그 옆의 두 천사는 일의 시작과 끝을 나타내는데 오전 6시와 오후 6시마다 바뀐다고 한다. 도시를 향하고 있는 벽에는 요일을 나타내는 행성의 신들이 날짜에 따라 움직인다. 지금 시계탑 내부는 1899년부터 트란실바니아 지역 상업 발전 과정을 보여주는 역사박물관으로 활용하고 있다.

재단사의 탑 The Taylors' Tower 은 시기쇼아라 역사 지구의 입구 역할을 하는 망루로 재단사

시계탑박물관 소장 유물

길드에서 세운 탑이다. 재단사 조합은 시기쇼아라에서도 가장 돈이 많은 길드여서 재단사의 탑은 디자인은 단순하지만, 규모는 큰 편이다. 14세기에 처음 세웠을 때는 도시의 상징물인 시계탑과 같은 높이였는데, 1676년 근처의 화약 저장고에서 폭발이 일어나 상층부가 파괴되었다고 한다. 망루 아래는 아치형으로 뚫려 있어 자유롭게 드나들 수 있다.

시기쇼아라의 9개의 탑을 모두 돌아보려고 했으나 길을 막아 놓은 곳이 많아 다 보지를 못하고 멀리서 사진만 찍은 탑도 있다. 다소 아쉽게 생각이 들었으나 이 정도로 만족할 수밖에 없었다. 또 드라큘라 백작의 탄생지가 있었으나 어떤 역사적인 유적도 아니고 그저 상술로 만들어 놓은 듯해서 그냥 지나쳤다. 내일은 바로 드라큘라로 유명해진 브란성에 직접 갈 예정이어서 별로 흥미가 없었다.

브라쇼브에서 다소 거리가 멀고 교통편이 그렇게 좋은 곳이 아니기에 주마간산으

재단사의 탑

로 구경하고 점심을 먹고 하니 어느새 돌아갈 시간이 되었다. 브라쇼브역에 도착하니 벌써 저녁도 늦은 시간이다.

내일도 브라쇼브를 떠나 브란 성으로 가야겠기에 서둘러 저녁을 먹고 잠을 청한다.

제화공 탑

모피상의 탑과 푸줏간의 탑

브란성 드라큘라성 　 드라큘라로 더 유명한 성

　브라쇼브에서 브란성까지의 거리는 크게 멀지는 않으나 교통편이 흔하지는 않았다. 아침을 먹고 Auto Gare 2에서 버스를 타고 약 한 시간이 걸려서 브란성에 도착하여 살펴보니 성 주변은 아주 조그만 마을인데 이 브란성을 관광 자원으로 해서 이 마을 사람들이 모두 생계를 유지하고 있는 것 같았다.

　브란성은 루마니아 브라쇼브 남서쪽 32km 지점에 있으며, 흡혈귀 소설 '드라큘라'의 가상모델인 블라드 3세가 잠시 머물렀던 곳으로 '드라큘라의 성'으로 알려지면서 루마니아를 찾는 사람들에게는 남유럽 발칸의 최고 관광지가 되었다.

　우리가 살아가는 삶에서 사실과 허구가 너무 얽혀 있으면 그 둘을 분간하기가 어려워 허구가 더 사실인 양 인식될 때가 많은데 브란성이 바로 그러하다. 장소와 인물의 관계가 매우 의심스러운 셔우드 숲이 로빈 후드의 거처로 알려진 것과 마찬가지로, 브란성도 본래의 이름보다 현재 드라큘라의 성 Dracula's Castle 이라는 이름으로 유명하다.

브란성의 전경

성으로 가는 길에서 보는 성의 모습

성 내부 – 마리 여왕의 초상

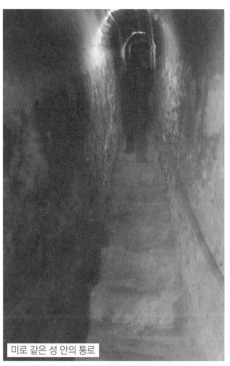
미로 같은 성 안의 통로

내부 장식

왕관

브란성은 1212년 독일 기사단의 요새로 만들어졌는데, 15~16세기에는 오스만 튀르크로부터 헝가리 왕국을 지키는 관문이 되었다. 건물은 시대의 흐름에 따라 새로운 양식이 추가되어 고딕, 르네상스, 바로크 등 다양한 양식이 결합해 있다. 그 뒤 1920년 합스부르크 왕가의 마리 여왕이 소유하면서 대대적인 개조를 통해 요새로서의 모습이 사라지고 낭만적인 여름 궁전으로 바뀌었다. 공산 정권하에서 우여곡절을 겪다가 2006년 합스부르크 왕가의 후손이 성의 소유권을 되찾았다.

브란성은 처음에 방어용 요새였기 때문에 외관은 아주 단순하고 작은 성으로 보이지만 내부는 좁고 가파른 비밀 통로가 많으며 복잡하게 얽혀 있다.

브란성이 주목받기 시작한 것은 1460년경 잠시 이 성에 머물렀던 것으로 추정되는, 왈라키아 공국의 군주 블라드 3세 바사라브 Vlad III Basarab 때문에 드라큘라의 성으로 알려지면서부터다. 블라드는 '드라큘'이라는 이름도 가지고 있었는데, 이는 '용 Dracul'이라는 작위를 받은 그의 아버지를 영광스럽게 생각해 자신의 이름을 블라드 드라큘이라고도 했다고 한다. 그는 재위 기간에 적과 범죄자를 가혹하게 다뤄 악명을

왈라키아 공국의 군주 블라드 3세 바사라브의 초상

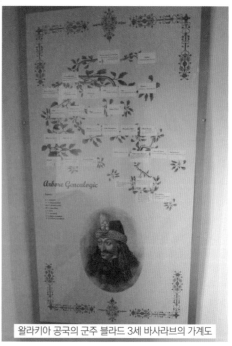

왈라키아 공국의 군주 블라드 3세 바사라브의 가계도

떨쳤는데, 1897년 아일랜드 작가 브램 스토커가 '찔러 죽이는 자 블라드'라는 별명으로 더욱 유명한 블라드 체페슈 <small>체페슈는 루마니아어로 '꼬챙이'를 뜻하는데 전쟁 포로나 범법자를 긴 꼬챙이로 잔인하게 처형한 데서 비롯되었다고 한다.</small> 로부터 영감을 받아 흡혈귀 소설 '드라큘라'를 쓰면서 블라드 3세를 가상모델로 삼았다. 블라드는 이처럼 허구적인 소설의 모델이 될 정도로 잔혹한 인물로 알려져 있으나 루마니아 역사에서는 오스만 튀르크 제국의 군대를 물리친 용장으로 유명하다.

이후 브램 스토커의 '드라큘라'는 소설은 물론 영화, 드라마에까지 등장하면서 전 세계에 유명해졌고, 루마니아인들의 영웅이었던 블라드 드라큘은 역사적 사실과 무관하게 스토커의 드라큘라와 동일시되었다. 그리고 브란성은 드라큘라가 실존했던 증거인 양 관심을 모았지만, 흡혈귀 전설에 어울리는 음습한 공간이라기보다는 동화 속에 나오는 낭만적인 성에 가까운 모습이다.

블라드와 이 성의 관계는 아무리 연관 지으려 해도 아주 희박할 뿐이다. 그러나 이러한 불명확한 관계는, 이 성의 압도적인 외관이 무시무시한 전설에 어울리는 매력적

브램 스토커의 작품 '드라큘라'에 대해서

나무 갑옷 모양의 고문 기구

인 배경이라고 생각하는 관광객들이나 그들에게 기념품을 팔아 생계를 유지하는 판매인들에게는 아무런 영향을 미치지 못한다.

내가 이 성을 들어가면서 이렇게 말을 했다. "루마니아 정부는 브램 스토커에게 훈장이라도 주어야 한다."라고. 긍정적이든지 부정적이든지를 막론하고 이 한적한 시골 마을을 전 세계에 알려서 관광객들이 몰려와서 돈을 쓰고 가게 만든 공로는 있다. 입장료만 해도 무시하지 못할 수입이며, 기념품이나 관광 비용을 더하면 적지 않은 돈이다. 나는 기념품은 사지 않는 것이 여행의 철칙이라서 아무것도 사지 않았지만, 마을의 레스토랑에 들러 점심을 먹었다. 그 비용만 해도 하루에도 엄청난 수입이다. 그렇게 생각하고 성 안에 들어와 보니 이처럼 '드라큘라'를 기념하는 곳도 있었고, 브램 스토커에게 경의를 표하면서 기념하고 있었다.

성을 한 바퀴 돌면서 구경하고 1층으로 내려오면 옛날에 사용하던 나무 갑옷 모양의 고문 기구와 같은 무시무시한 모습이 보인다.

성에서 보는 브란 마을

드라큘라의 모델이 블라드공이라는 사실에 대해서 현지 주민들은 상반된 입장을 보인다고 한다. 현실적으로 관광에 이용할 수 있다고 좋아하는 이들도 있는 반면에, 이성적으로는 조국의 영웅을 괴물 취급하는 것에 대해 불쾌해하는 이들도 있다고 한다. 하여튼 지금도 전 세계의 관광객들은 어릴 때 누구나 한번은 영화로든 소설로든 보았을 드라큘라라는 이름에 대한 향수와 추억과 낭만을 꿈꾸며 찾아오지만, 브란성이라는 이름으로 찾아오는 사람은 드물다.

이 브란성 드라큘라성 을 나오며 나는 방명록에 '드라큘라 만세'라고 적었다. 이유는 살아서는 조국을 외적의 침입에서 지켰고, 죽어서는 사실 여부는 관계없이 이름만으로도 관광객을 끌어모아서 주변 마을 사람들을 먹여 살리고 있기 때문이다.

관광객들로 북적이는 성 밖의 마을

기념품 가게의 관광객들

브라쇼브 중세가 살아 있는 브라쇼브

드라큘라성을 다녀와서 브라쇼브 시내를 구경하러 나갔다. 브라쇼브에 몇 날을 머물면서 아직 브라쇼브를 제대로 보지 않아서 시내로 나갔다.

트란실바니아 지방의 중심이 되는 공업도시인 브라쇼브 Brasov 는 루마니아 브라쇼브현의 현도로 카르파티아산맥 기슭에 있으며, 인구는 약 30만 명 정도이며, 교통의 요충지로 트랙터와 각종 기계공업이 번성하고, 고딕풍의 교회가 있으며 중세의 분위기를 가진 오래된 집들이 많이 남아 있다. 공과대학, 국립오페라극장 등이 있으며, 14~15세기에 건립된 고딕 양식의 '검은 교회'가 유명하다.

13세기에 독일 이주민이 건설한 이래로 시는 옛 시내의 시청사와 검은 교회를 중심으로 발전하여 루마니아인은 오랫동안 시내 거주가 허용되지 않았다. 그러다가 18세기 이후 시외에 살고 있던 루마니아인이 세력을 확장하여 차츰 옛 시내에서의 영업권과 거주권을 획득하였고, 19세기에는 루마니아인의 교육·문화 활동의 중심지가 되었다.

브라쇼브의 상징 검은교회

스파톨루이 광장 구시청사(역사박물관)

브라쇼브는 루마니아 중심부에 위치하여 가까운 곳에 있는 아일랜드 작가 브램 스토커의 '드라큘라'로 유명한 브란성이나 시기쇼아라, 시나이아 등을 다녀오기가 편하다.

브라쇼브 구시가지를 구경하기 위해 버스를 타고 가서 우리나라의 버스환승 센터 같은 Livada Postei에 내려서 구시가지를 걸어 다녔다. 브라쇼브 구시가지는 크지 않기 때문에 한가로이 걸어 다니면서 구경해도 한나절이면 충분하기에, 급한 것 없는 여행이라 한가로이 이곳저곳을 다니며 구경하였다.

먼저 간 곳이 스파톨루이 광장으로 이 광장 주변에는 브라쇼브에서 꼭 보아야 하는 여러 곳이 모여 있었다.

원어명이 Muzeul de Istorie인 브라쇼브역사박물관 Brasov History Museum 은 브라쇼브 지역 역사에 관한 자료를 주로 전시한다. 브라쇼브는 원래 독일인이 세운 도시로 교통의 요지에 자리를 잡고 있어 오스만 튀르크, 합스부르크 가문 등으로부터 여러 차례 침략을 받기도 했다. 브라쇼브역사박물관은 이처럼 독특한 역사를 가진 브라쇼브 지역의 전통을 보존하고 알리자는 취지에서 세워졌다. 박물관이 전시 공간으로 활용하고 있는 투박해 보이는 상아색의 건물은 1420년 지어진 시청 건물로 시청 건물 외에 직공의 요새 The Weaver's Bastion 와 시계탑으로 이루어져 있다. 직공의 요새 는 브라쇼브 내 상인과 수공업자 길드에서 세운 8개 요새 중 하나였는데 지금 유일하게 남아 있는 곳이다. 박물관 옆에는 거대한 높이의 시계탑이 붙어 있다. 사방에서 시계를 볼 수 있도록 설계된 시계탑은 1494년 외세에 맞서기 위해 만든 망루로 1689년 대화재 이후 개축된 모습이다. 탑 내부에 전쟁과 관련된 무기 등을 전시하고 있다.

17개 전시실에는 구석기, 청동기 시대의 무기와 농기구부터 19세기의 베틀 등 3,000여 점의 유물을 전시하고 있으며, 16세기 트란실바니아풍 르네상스 양식으로 꾸며진 '상인들의 방'에서는 색슨족 지배 당시 유물을 볼 수 있었다. 주요 전시물은 오랫동안 외세의 침략을 받은 도시의 박물관답게 중세 시대의 갑옷과 창 등 전쟁 관련 자료가 많이 전시돼 있었다.

브라쇼브의 산정에는 미국의 할리우드를 모방하여 브라쇼브라는 입간판을 세웠는데, 브라쇼브 주민들은 탐탁하지 않게 생각한다고 한다. 산정에는 브라쇼브 구시가지를 한눈에 조망할 수 있는 전망대가 있고, 케이블카가 운행되고 있으니 타고 올라가면 된다.

브라쇼브 도시 중앙 광장에 있는 '검은 교회 Black Church '는 원래 로마가톨릭 대성당이었는데, 16세기에 트란실바니아의 위대한 종교 개혁가 요한네스 혼테루스에 의해 루터파 교회로 바뀌었다. 1385년 착공해 1477년 완공까지 100년 가까이 걸린 브라쇼브의 상징적인 건축물로 1689년 합스부르크의 공격으로 인한 화재로 검게 타버린 외관 때문에 '검은 교회'라 이름 붙여진, 루마니아에서 가장 큰 독일식 고딕 양식의 교회이다. 화재 후 재건에 100여 년이 걸렸으며, 재건 과정에서

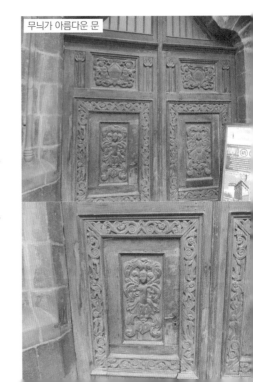
무늬가 아름다운 문

종교 개혁가 Johannes Honterus의 동상

검은교회 시계탑의 아름다운 모습

65.5m의 거대한 탑 2개가 만들어졌고 탑 속에는 6,300kg짜리 종 3개가 있다. 1839년 총 4,000개의 튜브 관이 있는 남동유럽에서 가장 큰 오르간이 만들어졌고 현재도 음악회에 사용된다고 한다.

'검은 교회'의 길이는 약 88m가량으로, 남쪽 현관에 있는 1477년에 제작된 오크나무 문, 1472년에 기증된 이 지역에서 세공한 청동 분수, 1476년에 그려진 남쪽 입구 부분의 벽화 등은 특별히 주의를 기울여 감상할 만한 가치가 있다.

그러나 '검은 교회'가 소유하고 있는 가장 가치 있는 보물은 총 119개의 아나톨리아 소아시아, 오늘날의 튀르키예 지역 카펫 컬렉션이다. 17~8세기에 독일 상인들이 험준한 카르파티아산맥을 넘어 무사히 도착함에 대한 감사의 뜻으로 기부한 카펫인데, 이 카펫을 보호하기 위해 높은 창문에는 특별한 유리가 설치되어 자연광만을 들여보냄으로써 이 카펫들이 태양 자외선에 손상을 입지 않도록 막아 준다고 하며, 사진 촬영은 엄격히 금지하고 있다.

교회 옆의 요하네스 혼테루스 Johannes Honterus, 1498~1549 는 Vienna 대학을 졸업한 후 이 지역에서 종교개혁을 주도하고 이곳에서 일생을 마친 트란실바니아의 종교인이었다. 인도주의자이며 신학자로 선교활동과 교육에 큰 공헌을 하였으며 1535년에는 이곳에 트란실바니아 최초의 인쇄소를 세웠다.

> "지금 주님께서 새로운 민족을 눈뜨게 해 그분 앞으로 부르실 때가 왔도다."
>
> 요하네스 혼테루스, 트란실바니아의 종교 개혁에서

시나고그

시나고그는 유대인들의 회당을 지칭한다. 브라쇼브에는 많은 유대인이 있었다고 한다. 기록에 의하면 1940년 무렵에는 약 6,000명 정도가 있었으며 2차 세계대전 중에도 수용소로 보내지지 않고 비교적 안전하게 생활했으나 아이들은 학교에 가지 못하는 등 괄시를 받았다고 한다. 현재의 시나고그는 2001년에 복원한 모습이다.

1827년부터 1828년에 구시가지와 외곽 마을을 연결하기 위해 세워진 신고전주의 양식의 슈케이문은 3개의 아치로 된 문의 중앙 아치 밑으로는 현재 자동차가 다니고 그 옆의 두 개의 아치는 보행자들이 다닌다. 독일인들은 루마니아인들을 구시가지에 정착하는 것을 허락하지 않았고 성문 출입도 금하였다고 한다. 그 뒤에 19세기에 와서 루마니아인들의 출입을 허락하면서 만든 문이 슈케이문이라고 한다.

캐서린문은 중세 시대 4개의 성문중 유일하게 남아 있는 문으로 1526년 홍수에 파괴된 문을 대신하여 1559년에 세운 문으로, 이곳에 있던 성 캐서린 수도원 이름을 따서 붙였다고 한다.

이 모든 중세의 유적들이 오밀조밀하게 붙어 있다. 그래서 무엇을 먼저 보고 어디로 가야 하는지를 걱정할 필요가 없다. 그저 눈에 보이는 곳을 가서 보고 구경하면 되니 여행객에게는 참 편리한 곳이다.

슈케이문

캐서린문

흑색탑

백색탑

흑색탑에서 보는 시가지 모습

흑색 탑과 백색 탑은 브라쇼브의 언덕에 있는 감시탑이다. 브라쇼브에 정착한 색슨
족은 오스만 튀르크의 침입을 방어하기 위해 성곽을 만들었다. 이 성곽의 유적들이
지금도 비교적 잘 보존되어 마을을 돌아보면 성벽 길이 많이 보여 중세로 우리를 이
끌고 있다. 구시가지를 감싸고 흐르는 개울을 따라 산책로가 있고 다리를 건너면 15
세기에 만들어진 흑색 탑을 볼 수 있고, 흑색 탑에 얼마 떨어지지 않은 곳에 백색 탑
이 있다. 원래는 적의 침입을 감시하던 탑이었지만 지금은 브라쇼브의 전망대 역할을
하는 탑으로, 특히 흑색 탑 위에서 보는 붉은 지붕의 집들이 오밀조밀하게 모여 있는

브라쇼브 구시가지의 풍경이 동화 속의 마을같이 느껴진다.

　브라쇼브를 한 바퀴 돌고 나니 어느새 어둠이 몰려오고 있다. 숙소로 돌아가기 위해서 버스를 타는 곳으로 가니 브라쇼브의 모든 버스가 이곳에서 출발한다. 우리나라의 환승 센터와 같은 곳으로 광장에 노선별로 표시해서 비교적 찾기가 편리했다. 숙소로 돌아와서 저녁을 먹고 가볍게 루마니아의 맥주로 하루의 피로를 달래고 잠자리에 든다.

　내일은 브라쇼브를 떠나 부쿠레슈티로 가야 한다. 제법 먼 거리를 기차로 이동해야 하기에 시간에 맞추어 움직이어야 한다.

버스 환승 센터 Livada Postei

부쿠레슈티 발칸의 파리 부쿠레슈티

아침에 일어나 부쿠레슈티로 이동하는 기차를 타기 위해 일찍부터 바쁘게 움직였다.

브라쇼브역으로 가서 부쿠레슈티로 가는 기차에 몸을 싣고 약 3시간이 걸려서 부쿠레슈티에 도착했다. 브라쇼브에서 부쿠레슈티로 오는 도중에 보는 산에 눈이 쌓여 있는 설국의 경치가 차창으로 펼쳐졌다. 이제 4월도 지나가며 5월이 다 되어가는 계절인데 아직 눈이 남아 있어 눈을 구경하며 기차로 이동했다.

부쿠레슈티 Bucharest 는 인구가 2백만 명이 넘는 큰 도시로, 루마니아 남부 루마니아평야의 중앙부에 위치하며, 다뉴브강의 지류인 딤보비차강이 시내를 흐르고 있다. 지명은 '환락의 도시, 즐거운 도시'라는 뜻인데, 일설에는 부쿠르 Bucur 라는 양을 사육한 데서 지명이 나왔다고도 한다. 고고학적인 발견으로 오래된 도시임이 확인되고 있으나, 이곳에 관한 최초의 기록은 1459년에 루마니아 공국의 블라드 체페슈가 요새를 만들었을 당시로 되어 있다. 그 후 왈라키아 지방의 중심지로 발전하였으며, 17세기부터는 루마니아 공국의 수도가 되었다. 1862년에는 통일 루마니아왕국의 수도가 되어 정치, 경제, 문화의 중심지로서 급속히 발전하였고, 그 이후 부쿠레슈티는 급속도로 성장하여 동쪽의 파리라는 별칭을 얻었다. 발칸 반도의 최고 교통 중심지로 주변의 여러 나라와 국제철도로 연결되어 있다. 2차 세계대전 전에는 경공업이 중심 산업이었으나, 후에는 기계, 차량 등의 중공업이 발달하였고, 풍부한 석유와 천연가스를 바탕으로 대단위 공업단지가 건설되어 있다. 루마니아 교육과 문화의 중심지며, 시내에는 공원과 녹지대가 많은데 북부의 8개 호수를 이용하여 만든 헤라스트라우 공원은 스포츠와 레저에 이용된다.

부쿠레슈티에 오래 머물지 않고 다른 곳으로 이동을 예정하였기에 역에서 먼저 불가리아의 벨리코 투르노보 벨리코 타르노보로 부르기도 한다. 로 가는 기차표를 알아보고 숙소에 짐을 풀고 시내로 갔다.

부쿠레슈티 북역은 부쿠레슈티의 중앙역 역할을 하는 곳으로 국내뿐 아니라 외국으로 오가는 많은 기차가 이곳에서 출발하고, 도착한다. 그러기에 역 안에는 온갖 편의 시설이 다 갖추어져 있고, 매우 번잡하다.

부쿠레슈티 시내는 아주 오래된 옛 건물들은 찾아볼 수가 없다. 비교적 근대에 만들어진 도시이기 때문에 오래되었다고 해도 200년이 되지 않는 건물들이다. 더구나 차우셰스크 독재정권으로 인하여 회색빛의 도시가 되어 버렸다. 하지만 이제는 그 흔적마저도 관광 자원이 되어 수많은 관광객을 유혹하고 있다.

부쿠레슈티 여행에는 다른 것은 필요가 없다. 그저 거리를 걸어가면서 도심 속에 살아 숨 쉬는 장소를 즐기면 된다. 그래서 버스에서 내려서 정해진 목적지도 없이 그냥 거리를 걸어 다니며 구경했다.

Celea Victoriei Victory Avenue 는 부쿠레슈티에서 가장 번화한 거리로, 이 거리를 중심으로 부쿠레슈티의 볼거리가 밀접해 있다. 전해지기로는 이 거리는 1814년부터

부쿠레슈티 북역

루마니아 국립 역사박물관

밤에도 촛불을 밝혀서 오늘날의 가로 등 같은 조명으로 시가지를 밝혔다고 한다. 이 거리는 1692년에 벌써 나무로 길을 깔아 진흙탕 길을 벗어났다고 하는 거리다. 그러다가 나무 길이 너무 빨리 파손되었으므로 1842년에는 돌로 길을 만들었다가 지금은 아스팔트로 포장되었다. 이 주변의 옛 건물들은 지금은 은행이나, 식당, 호텔 그리고 전 세계의 유명 브랜드의 상품을 판매하는 쇼핑 타운으로 변모해 현재 부쿠레슈티의 가장 번화한 거리로 바뀌었다.

Celea Victoriei Victory Avenue 거리 남단에 60개의 전시실이 있는 루마니아 국립역사박물관 National Museum of Romanian History 의 주요 전시물로는 루마니아 지역에서 인류가 살기 시작한 60만 년 전의 유물을 비롯해 기원전 1세기 무렵에 형성된 다치아 왕국 시대, 중세 이후 오스만 튀르크와의 투쟁 시기, 20세기 이후 사회주의 시기의 유물과 역사적 자료 및 예술 작품 등이 있다. 1900년 건축가 알렉산드루 사불레스쿠 Alexandru Savulescu 가 중앙우체국으로 설계한 건물로 1960년대까지는 중앙우체국으로 사용되다가 1970년 역사박물관으로 바뀌었다. 국립역사박물관이 세워질 당시 루마니아는 소련으로부터 독립적이고 자주적인 외교 노선을 천명하면서 국가와 민족의 정체성을 확고히 하려던 시기로 루마니아 정부는 이 같은 취지로 국립박물관을 수도에 세웠다고 한다.

국립역사박물관 입구에 로마신화에 나오는 늑대를 안고 서 있는 동상이 있다. 갑자기 이런 동상을 보니 의아한 생각이 들었는데, 알고 보니 루마니아라는 이름이 로마인들이 살던 곳이라는 뜻이라고 한다. 그래서 로마의 신화를 형상화한 동상이 있다.

입구의 조각

국립 역사박물관 입구에 로마신화에 나오는 늑대를 안고 서 있는 동상

Caru' cu Bere라는 루마니아 식당

Caru' cu Bere라는 루마니아 식당 간판

Caru' cu Bere라는 루마니아 식당이 유명하다기에 이 식당을 찾아갔다. 레스토랑이 매우 컸는데 사람들이 북적거리고 있어 자리가 없었다. 웨이터가 오래 기다려야 한다고 해서 이곳에서 식사를 못 하고 그냥 나왔다.

길을 가다 프랑스의 건축가 폴 고테르 Paul Gottereau 가 설계한 건물로 지금은 국책 은행이라고 하는 너무 아름다운 CEC Bank 건물을 보았다. 이 건물은 부쿠레슈티의 바로크 양식의 건물 중에 가장 아름다운 건물이라고 한다.

현지어로 Piata Revolutiei인 혁명광장은 Celea Victoriei Victory Avenue 거리 남쪽에 있는 광장으로, 독재자 차우셰스쿠에게 저항하여 1989년 12월 혁명이 일어났던 곳으로, 처음에는 화재와 혹시 있을지 모르는 폭동으로부터 왕궁을 보호하기 위해서 1939년에 만들었다고 한다. 이 광장은 역사의 부침에 따라 이름이 바뀌어 처음에는 '왕궁 광장', 공산정권 시절에는 '공화국 광장'이라고 불렸으며, 1989년 혁명 이후 '혁명 광장'이라고 불리고 있다.

Biserica Zlatari 정교회당

너무 아름다운 CEC Bank 건물

쇼핑가의 입구

희생자들을 위한 위령비

혁명 광장

광장 주변의 석조 건물에는 지금도 탄흔이 선명하게 남아 격렬했던 순간들을 떠올리게 한다. 당시 시위 장면은 국영 텔레비전을 통해 루마니아 전역에 방송되었고 후에는 전 세계에 방송되어 큰 화제가 되기도 했다. 하얀 대리석으로 만든 25m 높이의 삼각형 조형물이 하늘을 찌를 듯 솟아있는데, 1989년 당시 희생자들을 기리기 위한 혁명 기념비이다.

크레출레스쿠 교회 Kretzulescu Church 는 부쿠레슈티에 있는 루마니아정교회에 속하는 독립교회로 Celea Victoriei Victory Avenue 거리에 위치한 18세기 교회이다. 대법관이었던 이오르다케 크레출레스쿠 Iordache Kretzulescu 와 그의 아내 사프타 Safta 가 세웠고 루마니아의 유명한 화가 게로게 타타레스쿠 Gheroghe Tattarescu 가 내부 벽화를 그렸다. 1720부터 1722년 사이에 건물이 세워졌지만, 내부의 벽화는 그보다 100여 년 뒤인 1859년부터 1860년 사이에 그려졌다. 내부의 프레스코화는 웅장하면서도 위엄이 있다. 교회 앞에 서 있는 흉상은 루마니아의 정치가 Corneliu Coposu로 반공산주의 운동을 한 사람이다.

크레출레스쿠 교회

루마니아 국립미술관

루마니아 초대 왕 카롤 1세 기마상

부쿠레슈티 국립미술관 Muzeul National de Arta Bucuresti 은 루마니아에서 가장 큰 미술 관으로 부쿠레슈티에 있는 옛 왕궁을 개조한 것이다. 원래는 1812년 상인 디누쿠 골 레스쿠 Dinucu Golescu 의 저택이었는데 그 아들이 건물을 팔았고, 대대적인 확장공사 를 거쳐 1859년 왕궁으로 사용되었다. 이 건물이 미술관으로 사용되기 시작한 것은 1948년부터이며, 주로 루마니아 중세와 현대 미술가들의 작품을 소장하고 있으며, 모네, 엘 그레코, 틴토레토, 루벤스, 렘브란트 등 다른 나라 대가들의 작품도 일부 소 장하고 있다. 한때 왕궁으로 쓰였던 만큼 외관도 웅장하고 화려하지만 혁명 광장 서 북쪽 모퉁이에 있어 1989년 혁명 때 심각한 손상을 입게 되었다. 이후 보수에 오랜 시일이 걸려 일부 전시실은 2002년에야 일반에게 공개되었다. 국립미술관과 마주 보는 부쿠레슈티대학 도서관 앞에는 루마니아 초대 왕 카롤 1세 청동 기마상이 있다.

루마니아 음악당은 고대 그리스 신전을 보는 듯하다. 이 음악당은 1888년에 세워 졌는데 당시 대중들의 기부로 지어졌다고 한다. 음악당 앞의 정원에는 루마니아의 유명한 시인 Mihai Eminescu의 동상이 있다. 내부 벽면의 프레스코화는 루마니아 의 중요한 역사적 사건을 담고 있다고 하는데 문을 닫아 놓아 들어가 보지 못했다.

부쿠레슈티를 지나가는 한 도시로 생각하고 시간의 여유를 가지지 않은 것이 참으 로 잘못임을 시내를 돌아보면서 느꼈다. 아주 오래된 고대의 도시는 아니지만 발칸의 파리라 일컬을 만큼 아름다운 도시라는 것을 알았다. 거리를 걸어가면서 보는 건물들은 하나도 그냥 지나치기가 아쉬운 생각이 들었고, 아름다운 거리도 한가로이 거닐며 즐길 수 있는 곳이었다. 정해진 시간에 부쿠레슈티를 구경하고 떠나야만 하는 안타까움이 자꾸 마음을 아프게 한다. 이 부쿠레슈티를 떠나면서 언젠가는 다시 시간의 여유를 가지고 이 도시에 와서 도시의 진면목을 즐기리라 생각하였다.

아쉽지만 숙소로 돌아와 저녁을 먹고 잠자리에 든다. 내일은 하루 종일을 이동해야 하는 여정이라 좀 피곤한 일정이다.

여행도 이제 막바지에 다가가니 몸도 피로가 쌓인 것 같다.

여행은 이 뒤에 벨리코 투르노보와 소피아를 거쳐 이스탄불로 돌아와서 여행을 시작하기 전에 보지 못한 곳을 돌아보고 끝이 났다. 하지만 이야기의 순서를 국가별로 모아서 이야기하다 보니 이 책의 이야기가 부쿠레슈티에서 끝이 나게 되었다.

부쿠레슈티를 마지막으로 여행에 대한 회고를 마친다.

루마니아 음악당

마치면서

　여행을 마치면 항상 무엇인가 아쉬운 생각이 먼저 든다. 새로운 세계를 찾아서 내가 알지 못했던 세상을 보면서 즐겼지만 돌아오면 미처 가보지 못한 곳에 대한 그리움과 애틋함이 드는 것은 나만의 생각이 아니라 여행을 좋아하는 사람은 누구나 느끼는 감정일 것이다.

　시인 류시화는 『새는 날아가면서 뒤돌아보지 않는다.』에서 "인간은 본질적으로 '길을 가는 사람'이다. 공간의 이동만이 아니라 현재에서 미래로의 이동, 탄생에서 죽음까지의 과정도 길이다. 삶의 의미를 찾아 길을 떠나는 여행자, 한곳에 정착하지 않고 방황하며 스스로 가치 있는 삶을 찾아 나서는 존재를 가리킨다."라고 말하여 여행의 의미를 광범위하게 정의하였다. 이런 고답적인 정의가 아니라도 여행이 우리 삶에 활기를 불어넣고 새로운 삶을 살아가는 힘을 준다는 것은 부인할 수가 없다.

　흔히 여행을 많이 했다는 사람들도 '여행은 종합 소비예술의 극치다.'라는 명제에 공감하는 경우가 많이 있다. 여행하는 순간은 새로운 세계를 만나는 감동으로 여러 어려움을 생각하지 않으나, 여행을 마치고 현실의 삶으로 돌아오면 그 여행에 뒤따르는 계산서가 눈앞에 펼쳐지고, 그 계산서를 보는 순간에 여행으로 지불해야만 하는 비용이 우리 삶에 미치는 어려움을 느끼는 것이다. 그러나 여행은 나에게 지출을 요구하는 계산서보다는 더 많은 이익을 준다는 것이 나의 생각이다. 새로운 세계가 나에게 주는 기쁨은 나를 한 계단 더 발전시켜 주기에 마땅히 그 비용을 흔쾌히 지불해야 한다.

한 시기의 여행이 끝나면 여행의 흔적을 돌아보면서 기억이 남아 있는 동안에 여러 자료를 찾아서 글을 쓰는 것은 또 다른 즐거움이다. 그러니 나의 여행은 내가 여행의 자취를 따라서 글을 완성할 때까지 계속된다.

　한 편의 글을 마치면 다음은 어느 여행을 떠날 것인지를 상상하는 것만으로도 살아가는 기쁨을 느끼며 나는 오늘도 나의 여행을 계속한다.

"세상 모든 것에 감탄하는 지혜로운 사람들의 공간"

호밀밭 homilbooks.com

발길 따라가는 발칸 여행

ⓒ 2023, 이학근

초판 1쇄 발행	2023년 4월 20일
지은이	이학근
책임편집	민지영
디자인	전혜정
일러스트(지도)	이유진
펴낸이	장현정
펴낸곳	호밀밭
등록	2008년 11월 12일(제338-2008-6호)
주소	부산 수영구 연수로357번길 17-8 1층
전화, 팩스	051-751-8001, 0505-510-4675
홈페이지	homilbooks.com
이메일	homilbooks@naver.com

Published in Korea by Homilbooks Publishing Co, Busan.

Registration No. 338-2008-6.

First press export edition April, 2023.

ISBN　　979-11-6826-104-4　　03980